生态环境宣传教育优秀实践案例集

生态环境部宣传教育中心 编

中国环境出版集团·北京

图书在版编目（CIP）数据

生态环境宣传教育优秀实践案例集 / 生态环境部宣传教育中心编. -- 北京 : 中国环境出版集团, 2023.8
ISBN 978-7-5111-5582-5

Ⅰ. ①生… Ⅱ. ①生… Ⅲ. ①生态环境—环境教育—案例—汇编—中国 Ⅳ. ①X321.2

中国国家版本馆CIP数据核字（2023）第152772号

出 版 人 武德凯
责任编辑 谭嫣辞 孟亚莉
封面设计 金 山

出版发行 中国环境出版集团
（100062 北京市东城区广渠门内大街 16 号）
网 址：http://www.cesp.com.cn
电子邮箱：bjgl@cesp.com.cn
联系电话：010-67112765（编辑管理部）
010-67112735（第一分社）
发行热线：010-67125803，010-67113405（传真）
印 刷 北京建宏印刷有限公司
经 销 各地新华书店
版 次 2023 年 8 月第 1 版
印 次 2023 年 8 月第 1 次印刷
开 本 787×960 1/16
印 张 19.5
字 数 260千字
定 价 158.00元

编写委员会

主　　任：田成川

副 主 任：闫世东

主　　编：刘之杰　曾红鹰

副 主 编：王菁菁　唐崇俊

编写人员：（按案例顺序）

郭　萌　唐　琼　孟文林　杨贡江　喻　妙　李　斌

周　鑫　贺　蕊　王怡然　郝英男　陈云红　倪　欢

林祥聪　辛林霞　李　真　梁雅丽　张丽春　何维龙

肖　颖　王　冰　张　飞　赵　全　刘　萍　王青颖

邓小勇　朱　桐　郝力耕　张金秋　张钰玲　陈超健

冉景丞　郑红艺　耿幸雅　李　博　李　婧　王　楠

高瑞睿　牛　晶　许　玲　刘　灿　舒丽娟　杨　菲

祁万杰　张继生　牛进频　沈　伟　齐晓江　王　璟

李珺凌　黄慧诚　江　镕　王　一　杨　卿

前言

党的十八大以来，以习近平同志为核心的党中央以前所未有的力度抓生态文明建设，全党全国推动绿色发展的自觉性和主动性显著增强，美丽中国建设迈出重大步伐。近年来，全国生态环境宣传教育战线认真贯彻落实习近平生态文明思想和习近平总书记关于新闻舆论和宣传思想工作的新理念、新要求，紧紧围绕广泛宣传习近平生态文明思想这一核心任务，锐意进取，开拓创新，不断改进宣传方式方法，全面加强生态环境宣传教育各项工作，取得积极进展和成效。

为贯彻落实《关于深入打好污染防治攻坚战的意见》《“美丽中国，我是行动者”提升公民生态文明意识行动计划（2021—2025年）》，以及2021年全国生态环境宣传教育工作会议相关要求，总结交流全国各地生态环境宣传教育工作的先进经验，为深入宣传习近平生态文明思想、开创生态环境宣传教育工作新局面提供借鉴参考，生态环境部宣传教育司组织开展了生态环境宣传教育优秀案例推选活动。

本次活动得到各省级生态环境部门的大力支持和踊跃参与。各省级生态环境部门积极申报选题，精心挑选主题明确、内涵丰富、形式新颖、成效显著，且具有典型性、创新性、可复制性、可推广性的生态环境宣传教育案例选题共计94个。经多轮专家评审，最终确定28个选题入选，按照新闻宣传、社会宣传、新媒体宣传、公众参与和生态文化等 5 个领域进行分类，生态环境部宣传教育中心负责案例收集和编撰工作，经过反复修改、悉心打磨，汇编成册。在此，向各省级生态环境部门对生态环境宣传教育工作的积极参与和大力支持表示衷心感谢！向入选优秀案例的策划者、执行者、参与者和编写者表示祝贺！

党的二十大擘画了中国式现代化的宏伟蓝图，明确了全面建成社会主义现代化强国的战略安排，对"推动绿色发展，促进人与自然和谐共生"作出战略部署。在新时代新征程上，生态环境宣传教育战线将奋力开创生态环境宣传教育工作新局面，广泛动员社会各界为深入打好污染防治攻坚战、建设人与自然和谐共生的现代化作出新的更大贡献！

编写委员会

2023 年 3 月

目 录

第一章 新闻宣传

第二章
社会宣传

第三章
新媒体宣传

第四章 公众参与

第五章

生态文化

第一章

新闻宣传

1 “1微克蓝”刷屏！“一微克”行动宣传奏响北京蓝天白云交响新篇章

一、摘要

北京市深入学习贯彻习近平生态文明思想和习近平总书记关于新闻舆论工作的新思想、新要求，时刻紧绷意识形态之弦，通过持续的权威发布和宣传引导，牢牢把握舆论主动权，树立政府公信力，凝聚社会共识，舆论局面持续向好。2017年圆满完成国家“大气十条”阶段性目标后，北京市大气污染治理进入新阶段，以科学、精准、依法治污为遵循，开启“一微克”行动，提出“$PM_{2.5}$治理要一微克一微克地去抠”，在深入开展大气污染治理的同时，以讲好生态环境故事为目标，小“切口”、多维度、立体式开展系列宣传，有血有肉的“一微克”故事广泛传播，久久为功的“一微克”精神形成热议。

二、背景情况

党的十八大以来，北京市以“一微克”行动为主线，坚决打赢蓝天保卫战，治污工作驶入快车道。生态环境宣传工作是生态环保事业的重要组成部分，是贯彻习近平生态文明思想、深入打好污染防治攻坚战的重要支撑，发挥着统一思想、提振士气、凝聚力量、解疑释惑的关键作用。

北京市深入学习贯彻落实习近平生态文明思想和习近平总书记对北京的一系列重要讲话精神，一微克一微克地去抠，一天一天地去争取，持之以恒地治理大气污染，取得了明显成效。与此同时，以“一微克”行动为主线，小切口、长跨度、多维度、立体式开展系列宣传。五年来，通过253场新闻发布活动、578篇新闻稿，以月均4场新闻发布活动、3天1篇新闻稿件的力度，讲述了有血有肉的“一微克”故事，厚植了深入人心的“一微克”精神，形成了环保宣传大格局。

三、主要做法

（一）从“点”出发有深度：着眼小切口，做足大文章

2020年年底，人民日报社北京分社社长在基层采访后发表评论文章，“2020年$PM_{2.5}$的年平均浓度，比2015年下降了50%。北京用五年时间，走过了发达国家50年的治理历程。当轻风微拂，我们仰望蓝天的时候，不由地想起了持之以恒的‘一微克行动’，想起了贯穿行动始终的‘一微克精神’，想起了每一个环保人付出的非凡努力。”可以窥见，经过几年耕耘，在2020年年底“一微克”行动已经成为北京市大气污染防治工作的代名词。从提出“一微克”行动，到把它打造成广泛传播的理念，北京市以“一微克”为原点，着眼小切口，做足大文章。

锚定切入点。作为计量单位，“一微克”极小；作为一种精神，“一微克”却彰显着北京市开展大气污染防治的巨大决心。从“一微克”出发，北京市以政策措施和进展成效为切入点，在“大气十条”任务完成、空气质量创新高、机动车条例实施等重大目标完成、政策法规出台的节点，权威发布，生动解读，展示成效，回应关切。

站稳落脚点。以不断满足人民群众的优美生态环境需要为落脚点，充分展现治理成果。每年年初第一个工作日发布上年度空气质量报告，每月发布“一微克”

行动整体进展，年终盘点一年一创新，推出“数说大气 2016”“2017 年北京空气质量交出答卷”“227 个蓝天伴你走过 2018”“请回答 2019”“2020 线上虚拟发布会”等特色发布活动，让公众了解工作取得的成效和蓝天背后的故事，提升生态环境获得感和幸福感。

找准记忆点。把政府声音具象化、生动化地传播出去，做到让公众“点得进去”“看得明白”“记得清楚”；打造了一批热词金句，如“蓝天含金量持续提升”“蓝天保卫战不断刷出好气色”等，宣传形式更接地气，宣传内容直抵人心。

▲ 陈添局长做客《市民对话一把手》与市民“面对面”

（二）穿点成“线”有跨度：布局有思路，谋篇显脉络

“长夏午后，晴空万里，看着很是通透，但也有可能一种空气污染就暗藏其中。”这是 2020 年夏天央视《焦点访谈》一期栏目的开篇语，节目以臭氧治理为主题，以北京市 VOCs 治理为典型案例，科普知识，介绍工作。统筹宣传，重点策划，把握节奏，在春季说扬尘污染，夏季话臭氧控制，秋冬季聚焦燃煤治理，是开展“一微克”行动宣传的思路之一。

“一微克”行动宣传根据季节污染特点、全年重点任务、五年长期规划纲要等重点中心工作统筹开展，长短结合、各有侧重、脉络清晰。布局五年宣传主线，结合改革开放 40 年、新中国成立 70 年、全面建成小康社会等大跨度主题宣传活动，“十三五”规划目标任务、打赢蓝天保卫战三年行动计划等长期政策规划，谋划开展宣传工作，在生态环境领域话语场中，始终把握话语权，占领舆论先机。谋划全年宣传选题长线，深化完善工作机制，修订新闻发布制度，例行新闻发布机制运行日渐成熟。年初统筹全年发布计划，全盘谋划“说什么”；每月一题深度策划，精心设计“怎么说”；固化口径编制发布实录，客观记录“说了啥”。聚焦季节污染防治专线，针对季节污染特点及公众关注热点，专项集中宣传，发布措施进展，组织专家解读，开展知识科普，引导公众正确看待、合理预期、达成共识。

▲ 市新闻办举办新闻发布会介绍北京市大气治理成效

（三）扩线成“面”有广度：大道同路人，同声大合唱

2018 年 10 月在朝阳区首站开启，2019 年 11 月在东城区走完最后一站，历时一年的“一微克”行动大型主题发布采访活动圆满结束。这次活动有近百家自媒体参与，足迹遍布北京市 16 个区和北京经济技术开发区，举办了 17 场重磅新闻发布会，设立了 50 个现场点位。每走进一个区，先开新闻发布会统筹整体工作，再赴现场采访深挖基层故事，层次丰富、角度多元，生动展现打好污染防治攻坚战的决心和成效。政府、企业、公众共同参与的社会共治局面，在一篇篇报道里越发清晰。

从 2013—2017 年的“清洁空气在行动”，到 2018 年的“蓝天保卫战进行时”，再到贯穿 2019 年的“一微克”行动大型主题发布采访活动，“一微克”精神贯穿始终，“一微克”行动的影响力越来越大，“同路人”越来越多，“朋友圈”越来越大。遍观各区层面，邀请记者走进一线，突出大气污染防治责任落实到区，讲述基层“一微克”行动中发生的生动故事。以各区为点、“一微克”行动为线，北京市书写了习近平生态文明思想遍地开花的生动局面。再看市级层面，聚焦燃煤、机动车、工业、扬尘等重点领域，多部门联合举办发布活动，讲政策、说工作、看成效，突出全市一盘棋，以环保“大合唱”构建生态大格局。放眼京津冀层面，深入贯彻习近平总书记“2・26”视察北京重要讲话精神，在生态环境部统筹下，着力讲好联建联防联治中“一微克”行动精彩故事，召开联合发布会、组织集体采访，宣传协同成效。纵览国际层面，借助联合国环境规划署发布《北京市二十年大气污染治理历程与展望》评估报告、中外科研机构课题成果发布、北京国际大都市清洁空气与气候行动论坛等国际会议活动，分享北京经验，对外讲好北京生态环保故事，树立国际形象。

▲ “一微克”行动主题采访深入各区报道生动故事

（四）立面成“体”有厚度：多媒体交互，传播立体声

2018 年，北京市生态环境领域有两项重大宣传任务：一是圆满完成“大气十条”任务，踏上“蓝天保卫战”新征程；二是改革开放 40 周年重大主题宣传活动。这一年，中央广播电视总台（以下简称央视）《新闻联播》用 4 分 30 秒报道《北京：一刻不停歇　打赢蓝天保卫战》预热氛围，权威发布三年行动计划形成热议、十问十答重点内容措施推高热度、资深专家解读回应热点关切；这一年，推出“4 个一”系列活动回顾北京市环境保护事业 40 年走过的历程：在北京电视台播出一期专题节目，在《北京日报》头版头条刊发了一篇深度报道，在《前线》杂志刊出一篇专栏文章，在网络推出一场“将改革开放进行到底”直播论坛。

这两件大事的宣传是“十三五”时期“一微克”行动宣传的集大成者，在深入挖掘“点”、统筹策划“线”、形成宣传“面”的基础上，善用“新闻发布、新媒体传播、媒体合作、社会宣传”等各种方式和各类资源，将展望与回顾、工作面与时间线、治理新方略与历史纵深感同时融入宣传中，实现立体发声。多维度策划，形成全年策划 + 专题策划 + 一事一策的立体策划工作模式，明确重点、设置议题、把握节奏。与媒体深度合作，建立积极互动、双向支持的良好关系，寻求“我们想说的”与“媒体想写的”最大公约数。多角度报道，市民朋友圈“晒蓝天”，头部企业减污降碳带动示范，各区展示特色说成效，政府权威发布，专家客观生动解读，围绕同一主题多元发声，多方呼应，达成共识；多形式宣传，召开新闻发布会，权威发声一锤定音答疑解惑；组织集体采访，带领记者深入一线挖掘故事；发布稿件制作专版，以笔为媒描绘蓝天白云“大美北京”；参加访谈接受专访，深度梳理工作思路、展示工作成效；推出新媒体产品，用生动语言、活泼形式讲好故事。

▲ 坦诚客观充分释放，年度空气质量新闻发布会会后采访

四、取得的成效

（一）推出一批重磅产品，扩大环保正能量舆论场

一系列重磅报道、权威访谈等拳头产品，使“一微克”行动和“一微克”精神广为人知、深入人心。《人民日报》客户端刊发时评《借他山之石，促精准治霾》《北京生态环境向好趋势不变》，提振信心；央视《新闻联播》推出时长 4 分 30 秒报道《北京：一刻不停歇 打赢蓝天保卫战》展现阶段性成果；与央视《焦点访谈》共同策划播出多期大气治理专题节目；《中国环境报》两次专版刊发北京生态文明示范创建工作；《北京日报》头版推出《一天一天争取来的好天气》等多篇重要报道。

（二）记录一段攻坚历史，见证和谐宜居之都巨变

在“一微克”行动宣传推进过程中，一篇篇新闻报道、一场场发布活动、一帧帧影音图像、一条条微博微信，共同见证和记录了北京市大气污染防治历程。从最后一个燃煤电厂关停退出历史舞台到首钢冰与火的淬炼与华丽变身，从车与油一次次提级升标到“绣花”功夫精细化治理扬尘，从“热点网格”等成为执法利器再到“天地空”一体化监测网络更完善，政策措施制定更科学，法规标准更严密，京津冀协作机制更成熟……与之相对应的是 $PM_{2.5}$ 浓度持续走低，蓝天“含金量”一路提升，公众幸福感不断增强。这些都被生态环境宣传工作者和媒体记者真实、客观地记录，和谐宜居之都的巨变得以生动呈现。

（三）打造一张生态名片，“北京蓝”提升城市形象

精心组织接待境内外媒体集体采访，借助北京国际大都市清洁空气与气候行动论坛、“联合国气候行动峰会”及北京大气污染主题边会活动等国际会议活动契机，对内对外讲好绿色低碳发展“北京故事”，传播“中国声音”。特别是 2016 年、2019 年，联合国环境规划署分别在全球空气质量行动报告发布会、第四届全

球环境大会前夕的环境“科学—政策—商业”论坛上发布《北京大气污染治理历程：1998—2013 年》和《北京市二十年大气污染治理历程与展望》评估报告，充分肯定大气污染防治工作成绩。“北京蓝”“北京奇迹”等热词被国内外媒体广泛关注和报道，有力提升了城市良好形象。

▲ 持续举办国际论坛，邀请记者报道，分享北京经验

（四）凝聚一种社会共识，壮大生态环保社会力量

良好生态环境是最普惠的民生福祉，需要全社会共建、共治、共享。五年来，在“一微克”行动宣传框架下，这样的社会共识逐步形成，政府主导、企业主体、公众参与建设美丽北京的全民行动格局逐步完善。各级党委、政府及有关部门齐抓共管、主动作为，形成合力；企业自觉履行环保责任，开展污染深度治理，主动加入环保设施开放单位、生态环境教育基地行列，成为开展社会生态环境教育的“大课堂”。市民积极拥抱生态文明理念、践行绿色生活方式，通过参加主题

实践活动，拨打 12345 等热线，举报、反映身边的环境问题，监督环境违法行为，为北京生态文明建设献计献策。

五、经验启示

谋篇布局有高度。作为大国首都，牢记看北京首先从政治上看，生态环境宣传工作始终以习近平生态文明思想为指引，这是开展工作的出发点和落脚点。宣传工作不仅要在“海晏河清”时锦上添花、因势利导，而且要在“风口浪尖”处敢于亮剑、正本清源。要始终坚持党的领导，保持宣传工作的正确政治方向、正确舆论导向、正确工作取向，发挥好统一思想、提振士气、凝聚力量、解疑释惑的关键作用。

各方支持有力度。每个人都是生态环境的保护者、建设者、受益者，生态环境实现改善的每一步，都是全社会共同参与的结果。宣传的话筒不仅要架在政府部门的新闻发布厅，还要伸向集体采访的基层一线，伸向开展环保技改主动减排的企业，伸向最有发言权的公众，伸向监督见证记录变化的媒体，伸向开展解读科普的专家……邀请社会各个层面共同发声，营造共治、共建、共享的社会氛围。

以人为本有温度。宣传要把“陈情”和“说理”结合起来，把“自己讲”和“别人讲”结合起来，不能自说自话，既要有与受众共情的能力，又要有把共情转化为共鸣的实力，用受众看得懂、听得进、记得住的语言、声音、画面，提升引导力、影响力、公信力。

六、结语

从“一微克”出发，“一微克”行动宣传融合各类媒体，联结各个平台，宣传主线脉络清晰，社会影响拓展延伸。从“一微克”行动到“一微克”精神，从“北京蓝”到“1 微克蓝”，蓝天白云繁星闪烁的梦想已经照进现实，北京生态文明的故事还在继续。未来，“一微克”行动宣传的主要做法和经验启示，还将应用于讲好更多北京生态环境好故事，助力建设人与自然和谐共生的美丽北京。

北京市生态环境局宣传教育处 郭 萌 唐 琼

2 舆论监督栏目《今日聚焦》创新实践

一、摘要

“用新闻的力量推动进步”。从 2014 年 3 月起，浙江省生态环境厅与浙江广播电视集团（以下简称浙江广电集团）浙江卫视频道《今日聚焦》栏目携手，围绕浙江生态环境治理工作，展开建设性舆论监督，持续对浙江各地存在的突出环境问题进行曝光，有力推动一批热点、难点问题得到解决，取得显著成效，不仅赢得了浙江省委、省政府的高度肯定，而且获得了群众的一致“点赞”，为守护浙江的绿水青山，落实绿色发展理念提供良好舆论氛围。

二、背景情况

朝着党委、政府中心工作去，向着解决问题困难方向走，以舆论监督参与社会治理、推动社会进步，是浙江广电集团电视舆论监督栏目《今日聚焦》的开办初衷。该栏目自 2014 年 3 月推出以来，坚持问题导向、结果导向，聚焦在推进省委、省政府中心工作中遇到的难点、堵点问题，深入调查、广泛核实，公开曝光，每周 5 期，每期时长为 5 分钟。截至 2022 年 11 月 20 日，该栏目已播出节目 1 609 期，其中涉及反映生态环境问题的监督报道 508 期，占比达三成以上，其中 90% 以上的问题获得了解决。浙江省委、省政府主要领导高度重视《今日聚焦》栏目，多次作出批示，并将其作为“天天抓督查落实的重要抓手”，浙江省生态环境厅也与《今日聚焦》栏目紧密协作，开展了一系列卓有成效的工作，并建立了稳定的合作机制，构建了媒体监督与政府部门之间良性互动的创新模式。

三、主要做法

经过8年多的创新实践，《今日聚焦》栏目在生态环境问题监督方面有以下做法。

（一）强化协同，建立从发现曝光到整改销号的全流程工作机制

《今日聚焦》栏目开播以来，浙江广电集团积极统筹省直有关部门行政职能、媒体播发平台两种资源，逐步构建起监督、整改、反馈一体化的工作协调机制，即栏目记者独立调查，涉事地立即部署整改，省直部门督促落实，省委督查室全程跟踪，整改结果及时反馈，成为可复制、可借鉴、可推广的新闻监督模式升级版。

栏目组与浙江省生态环境厅共同制定了工作联动机制，对信息获取与办理、组织现场调查、取样检测送检、立案处罚和案件移送、后续跟踪督查等多个环节建立规范流程。在线索征集上，栏目组通过114电话热线、二维码扫码报料、群众来信来访、记者自主发现等多个渠道接受公众报料，组织记者蹲点调查；浙江省生态环境厅也与栏目组建立了联席会商机制，定期提供需要通过媒体监督解决的点位线索，携手展开调查。在现场采访时，记者发现环境违法行为后，第一时间向辖区生态环境部门反映情况，环境执法人员随即到现场取证，第一时间查清污染成因、阻断环境危害。在跟踪督办上，曝光的环境问题由省生态环境厅和省委督查室进行跟踪监督，实行清单式、销号式管理，以“零容忍”态度刚性兑现、“拔钉销号”。据浙江省委督查室初步统计，已曝光环境问题的整改完成率

▲ 无论条件多么困难，阻力如何，记者都迎难而上

超过了九成。在整改反馈上，对整改成效显著的点位，《今日聚焦》栏目推出“聚焦 Vlog—主播带你回头看”新媒体系列报道，定期组织主持人和记者回访曝光点位，目前已播出“脏臭河水变清了”“垃圾山不见了”“脏乱地块变脸了”等多篇作品，通过前后画面对比，走访周边群众，充分反映报道带来的巨大变化。而对整改不到位或未及时整改的点位，栏目则是推出系列报道“问题曝光回头看”，持续加大监督报道的力度，督促相关责任主体将问题务必整改到位。

（二）保持刚性，压实从党委、政府到排污主体的全链条责任体系

《今日聚焦》栏目以解决环境问题为导向，将媒体聚焦力化为工作倒逼力，全面推进环境整治提升工作。保持高强度曝光，严惩违法行为。在记者现场调查的同时，属地生态环境部门同步介入，对违法主体进行立案调查。2020 年 8 月，记者与省生态环境厅第二督察办在台州椒江入海口蹲守三个星期，查获台州市振

▲ 2020年10月报道播出后，当地对污水管网问题实施了整改

港染料化工有限公司私设暗管，将数万吨高浓度的化工废水排入江中，对水体环境造成严重污染。该案件引起省委主要领导高度关注，相关责任人受到刑事处罚，企业被生态环境部门处以顶格罚款，该案例被中央生态环境保护督察组纳入2020年中央生态环境保护督察典型案例，2次进行全国通报。

督促干部主动作为，严格责任追究。对于该栏目曝光的问题，省委、省政府主要领导、分管领导高度关注，对监管不力、污染反弹等问题作出批示，并多次

▲ 2020年8月5日凌晨2点，省生态环境厅第二督察办与栏目记者在台州椒江入海口蹲守，利用走航船排查暗管的精确位置

▲ 记者和省生态环境厅第二督察办工作人员在台州椒江岩头医化园区，对流入外环境的化工废水进行采样监测

在全省重要会议上通报典型案例。省生态环境厅会同省委督查室建立领导批示跟踪督促落实机制，做到快速反应、实地核查、逐项落实。各设区市生态环境局也参照建立本级舆论监督平台，层层传导压力，推动责任落实。2021 年 4 月，栏目推出连续报道《曹娥江嵊州段污水入河问题调查》，针对嵊州市多个排涝闸污水入江问题屡禁不止的情况，进行了调查。栏目播出当晚，省委主要领导当即作出指示，绍兴市和嵊州市连夜召开常委会议制定整改措施。此后，嵊州市立即实施整改工作，22 名相关党员干部受到党纪处分。

▲ 曹娥江嵊州段污水入江的问题，经过曝光，引起浙江省委书记重视，得到彻底整改

（三）借势借力，推进从个案办理到行业联办的全领域整治提升

《今日聚焦》栏目记者长期深入基层，在采访调查中也发现了一些共性的生态环境顽疾和基层监管的漏洞短板。针对这些情况，栏目组与省生态环境厅联手以曝光问题为切入点，在举一反三、以治促转、标本兼治上下功夫。一是以个案化解带动面上问题解决。比如，针对“低小散”企业违建排污问题，既在严格执法监管、加强落后产能淘汰上下功夫，又顺应企业发展和百姓增收需求，加强小微企业园建设和产业引导，防止“一刀切”的简单化处理。2019 年 12 月 13 日播出的报道《桐庐：钟山乡石材行业整治成难题》，反映了浙江省杭州市桐庐县钟山乡近百家石材加工企业粉尘、污水、噪声等诸多问题。报道播出后，桐庐县委、县政府主要领导亲自督办，设立了淘汰关停工作专班，下大力气开展整个石材行业的整治提升工作，与 70 多家企业签订了关停协议。目前，当地已规划建设了石材小微园，将实现“无粉尘飞扬、无污水直排、无噪声扰民”的整治目标。二是建立完善长效治理机制。媒体报道将行之有效的整改措施和工作机制，巩固形成制度规范加以落实。如《庆元：建设工地强碱性污水直排松源溪》《杭州余杭区：工地管理不善致多股强碱水入河》等报道集中反映了一些重大建设项目施工单位由于管理不善、环保意识不到位，污水影响外环境，而属地职能部门不敢管、管不了的问题，这一系列报道播出后引起了省委领导的重视，批示要采取“黑名单”等措施，杜绝此类问题反复出现。三是开设专题系列报道，营造舆论氛围。2020 年，《今日聚焦》栏目组与省美丽浙江建设领导小组“五水共治”办公室、省推动长江经济带发展领导小组办公室联合推出了“长江经济带生态环境问题曝光”专题，多路记者跟随省相关部门的工作人员奔赴全省 11 地市进行明察暗访。系列报道共公开播出近 20 期节目，形成了强大的媒体监督力量。此外，栏目组根据暗访情况制作 20 余分钟的长江经济带生态环境问题警示片，在省委专题会议进行播

放，得到省委主要领导的高度评价，国家推动长江经济带发展领导小组办公室也对浙江省联合媒体拍摄制作生态环境警示片的做法予以肯定。四是推进数字化改革，提供决策参考。“数字赋能现代化先行，牵引省域治理现代化先行”，这是浙江省在社会治理中提出的新理念、新思路。2022 年起，结合浙江省全面推进数字化改革的背景，《今日聚焦》栏目依靠浙江广播电视集团“新闻大脑”这一平台，全新搭建了“媒体监督智慧驾驶舱”，整合聚集了栏目过往播出的舆论监督报道，通过报道内部数据的挖掘整合以及舆论监督报道业务全链条的信息化，实现与内部制作系统、省委“七张问题清单”系统等多跨场景的数据联通，形成如“全省职能部门媒体监督评价指数”“浙江媒体监督热点地图”“基层治理问题热力图”等大数据产品，为全省社会治理提供参考意见。目前“媒体监督智慧驾驶舱”已经初步完成平台搭建工作，即将投入实际运行。

四、取得的成效

开播 8 年多来，《今日聚焦》栏目曝光生态问题 508 个，整改完成率超过 90%。近 400 处河流、海域等污染水体重回清澈，800 多亩[①]林地复绿，清除固体废物 200 余吨，保护基本农田和耕地 8000 余亩。浙江观众纷纷点赞，栏目组收到锦旗 20 多面，平日感谢电话、微信不断。

《今日聚焦》栏目自创办以来，先后获得“2015 年度全国广播电视创新创优节目奖”“浙江新闻名专栏”“浙江省公共管理创新案例特别贡献奖”“浙江省‘五水共治’工作先进集体”“浙江省‘千万工程’先进集体”等多项荣誉，多篇报道获得了“浙江省治水好新闻一等奖”等奖项。2017 年 12 月，中央第二环境保

① 1 亩 ≈ 0.000667 km^2。

护督察组向浙江省反馈督察情况时，充分肯定了《今日聚焦》栏目曝光环境问题所取得的明显成效。2018 年 9 月 23 日，新华社发出电讯稿《浙江设立“曝光台”督促生态环境问题整改》，同时配发题为《让舆论监督成为整治生态环境问题的利器》评论文章，报道了浙江卫视《今日聚焦》栏目在污染防治攻坚战中发挥的独特作用和取得的监督成效。同年，生态环境部印发了《关于转发浙江省、四川省乐山市设立生态环境“曝光台”等典型做法和成效的通知》，指出浙江等省（市）通过媒体常态监督、政府主动作为、群众广泛参与，推动解决了一大批群众身边的生态环境突出问题，既赢得了老百姓的口碑和支持，又充分说明主动曝光生态环境问题并督促解决也是正面宣传。

在《今日聚焦》栏目示范引领下，目前浙江省内 100 多个县（市、区）都已开办监督类电视新闻栏目，逐步形成全省建设性舆论监督的矩阵，极大地推动了生态环境保护工作的落实和推广。不仅如此，栏目的运作模式和具体做法，已被河南、山东、河北、江苏、陕西、湖北、广东等地借鉴推广。

经过 8 年多的实践，《今日聚焦》栏目已成为新闻舆论监督的品牌、压实责任的抓手、全民参与的平台、展示从严执法的窗口，也充分说明主动曝光生态环境问题并督促解决是正面宣传。其作用效果概括起来体现在四个“更进一步”，即各方主体环境治理意识更进一步，随着问题整改和责任倒查趋紧、趋严，属地政府责任意识、部门协同意识、污染企业底线意识、社会公众参与意识都有了不同程度的提升；以整治倒逼转型作用效果更进一步，各地以落实省委、省政府主要领导对《今日聚焦》栏目曝光问题作出重要指示为契机，聚焦问题，靶向发力，突出以环境硬约束出清落后产能，优化产业结构，有力推进区县块状行业整治提升；进一步提升水环境治理，通过严监管、防反弹，全面推进截污纳管、河湖塘库清淤、水岸同治、农业面源污染整治等工作，进一步巩固深化“清三河”、劣Ⅴ类水治理成果；突出环境问题处置解决更进一步，强化问题导向和效果导向，着力解决区域长时间存在的突出环境问题。通过拆治联手，一批集聚涉污违建问题得到果断处置，坚持堵疏结合、惩治并举，有力促进行业性、结构性污染等深层次问题的解决。

五、经验启示

深入开展生态环境保护、从严监督整治不力行为，是贯彻落实习近平总书记重要指示批示精神和党中央决策部署的应有之义，也是维护人民群众根本利益的善政之举。作为“绿水青山就是金山银山”理论发源地、习近平生态文明思想重要萌发地，浙江省充分运用舆论监督这一“助推器”，有力推动了生态环境问题的高效解决，也为生态环境治理再次贡献了“浙江经验”。

一是主要领导高度重视。对于栏目曝光问题，省委、省政府主要领导和分管领导第一时间对监管不力、污染不治等问题作出批示。省生态环境厅会同省委督查室建立领导批示跟踪督促落实机制，做到快速反应，实地核查，逐项落实。各地生态环境部门也参照建立本级舆论监督平台，层层传导压力，推动责任落实。

二是报道内容实事求是。栏目记者通过明察暗访、现场拍摄等方式展开深入调查，坚持用事实说话，做到“三个关键”：关键内容要核准、关键画面不遗漏、关键人物要采访；在选题确定上，始终坚持“政府关注、群众关心、近期可整改”三个原则，基本保证曝光问题能够立即得到整改，起到立竿见影的效果；坚持理性看待环境“突出问题”的形成、演变、解决，避免情绪化表达；栏目评论内容在保持深度、锐度的同时，不延伸发挥，不扩大批评面。

三是多方合力闭环管理。建立线索收集、栏目播出、问题处置、跟踪督办、整改反馈等全流程工作闭环，构建公众来信报料、栏目记者调查、属地部门同步介入、涉事地立即部署整改、省直部门督促落实、省委督查室全程跟踪、整改结果及时反馈的工作协调机制，落实明确“七张问题清单”工作职责分工和程序，高效推进涉及生态环境问题的清单整改，在人民群众、各级政府、节目栏目组等多个主体当中形成生态治理的最大“公约数”、聚成强大“同向力”。

六、结语

党的二十大报告提出，大自然是人类赖以生存发展的基本条件。尊重自然、顺应自然、保护自然，是全面建设社会主义现代化国家的内在要求。我们必须牢固树立和践行“绿水青山就是金山银山”的理念，站在人与自然和谐共生的高度谋划发展。浙江作为“绿水青山就是金山银山”理论的发源地，应当在生态环境治理与绿色发展中走在前列，必须坚持高水平推进人与自然和谐共生的现代化，打造生态文明建设高地。

当前，生态环境治理正走入“深水区”，老问题、旧麻烦犹在，新挑战、新理念也是层出不穷。因此要保护好绿水青山，推动绿色发展，既需要生态环境部门的勇于担当、勠力而为，也需要充分发挥媒体的舆论监督功能，担当发现环境风险的“排雷手”，站好提高政府效能的“监督哨”，变身参与公共政策制定的“参谋员”，积极发动全社会参与到生态环境的治理进程中，形成“共治、共管、共享”的和谐“生态圈”。

浙江卫视新闻中心副主任　孟文林

浙江省生态环境宣传教育中心　杨贡江

3 “一江清水看中游——长江大保护实地踏访”大型全媒体系列报道活动

一、摘要

2018年4月13日，湖北省生态环境宣传教育中心联合《中国环境报》《湖北日报》启动以“一江清水看中游——长江大保护实地踏访”为主题的大型全媒体系列报道活动。在历时15天的行程里，报道组从位于长江湖北段起点的巴东县出发，沿长江主干线顺流而下，沿途经过宜昌市、荆州市、江陵县、石首市、监利市、洪湖市、武汉市、鄂州市、黄石市、黄梅县等地实地探访长江中游流域的生态修复、环境保护和发展变迁。这一路，报道组通过图文报道、视频直播、网络专题、VR展示等多种形式，在“报、端、网、微”等全平台呈现，引

▲ 采访团随生态环境监测船到长江秭归段现场采集水样

起热烈反响。各地党委和政府，生态环境、水利、林业等部门给予大力支持，网友们积极参与，观看、点赞、跟评，点击互动量超过 1000 万次。

二、背景介绍

近年来，湖北省坚决贯彻落实习近平总书记关于长江经济带发展“共抓大保护、不搞大开发”的重要指示精神，正确处理好发展与保护、当前与长远、加法与减法、治标与治本的关系，用好长江大保护“辩证法”，湖北省长江经济带环境保护与绿色发展不断取得新成效。为全方位反映湖北省长江沿线长江大保护工作开展情况，湖北省生态环境宣传教育中心联合《中国环境报》《湖北日报》开展“一江清水看中游——长江大保护实地踏访”大型全媒体系列报道活动。

三、主要做法

（一）紧扣时代脉搏，精准策划主题

推动长江经济带生态保护绿色发展，是以习近平同志为核心的党中央审时度势，从促进区域协调发展的全局出发作出的重大战略决策。长江湖北段流程长、流域面积大，是三峡工程库坝区和南水北调中线工程核心水源区所在地，是长江重要的水源涵养地，担负着“一江清水东流”“一库净水北送”的重大责任。近年来，湖北省认真学习贯彻习近平新时代中国特色社会主义思想，坚持新发展理念，在湖北长江经济带生态修复、环境保护、绿色发展上持续用力、久久为功，不断取得新成效。“一江清水看中游”系列报道以长江大保护为主线，展现湖北人民为保护一江清水所作出的努力和探索，主题重大、立意高远，具有重要的时代价值和现实意义。

主题报道如何表达才能引起受众关注？报道组经过精心策划、周密部署，认

为媒体融合环境下，要以受众群体的兴趣点和个性化需求为导向，针对不同的平台选取不同形式的选题。2018 年 4 月 14 日，在巴东县的清漂船上，一场移动视频直播拉开了本次报道的序幕。报道组选取了“峡坝库区生态修复”“宜昌化工园区整治搬迁”“荆州岸线绿色生态屏障”“长江湿地保护”“湖北最大湖泊——洪湖保护”“海绵城市保护长江岸线”“非法码头整治工作”“长江大保护思考”等适合视觉表现、互动性强的选题，在多个平台进行报道。

▲ 采访团在长江湖北段第一哨宜昌市巴东县采访清漂工人

（二）组建全媒报道团队，形成同频共振

重大主题报道是新闻媒体在多元社会意识中发挥引领作用、实现舆论引导的重要手段，也是媒体核心竞争力所在。提升重大主题报道的质量，真正让广大人民群众喜闻乐见，既是主流媒体围绕中心、服务大局的重要内容，也是主流媒体提升自身影响力、增强传播竞争力的重要途径，要聚焦人民群众的火热生活和生动实践，展示人民群众敢于拼搏、努力奋斗的良好精神风貌，让人民群众成为新闻舆论的主角。要聚焦经济社会发展热点、难点问题，及时解疑释惑、回应社会关切，有针对性地进行靶向讲解，为生态环境保护营造良好舆论环境。

因此，此次新闻宣传行动必须进行资源的整合，组建一支全媒体报道团队，加强分工合作，形成各自特色。“一江清水看中游——长江大保护实地踏访”大型全媒体系列报道活动，由湖北省生态环境宣传教育中心、《中国环境报》《湖北日报》多名精英骨干新闻工作者组成前方报道小组，报道组成员不仅熟悉报纸的采编流程和环保、农业、水利等专业知识，具备成熟的采访经验，同时还能熟练运用无人机移动直播、视频制作等各种新媒体采编手段。

同时，前后方协同联动，各媒介融合传播。采访启动后，前方报道组第一时间供稿给“中央厨房”，后方各平台编辑根据自身特点，进行编辑制作，在“报、端、网、微”和第三方平台融合传播，实现同一主题同频共振、形成合力。

▲ 采访团赴宜昌市采访黄柏河流域生态环保工作开展情况

（三）聚焦长江大保护，拓展报道方式

湖北省坚持规划引领，在沿江省市率先编制实施长江经济带生态保护和绿色发展总体规划，配套编制 5 个专项规划，并出台《湖北省人民代表大会关于大力推进长江经济带生态保护和绿色发展的决定》等多部地方性法规。在关闭非法码头、非法采砂场，调整长江、汉江沿岸重化产业布局，淘汰落后产能、污染企业的同时，引导支持企业加强技术改造、实现转型升级，谋划实施一批重大生态修复、重大技术改造项目，发展农产品深加工、生态旅游等绿色产业。全面推行河（湖）长制，建立健全长江大保护的长效机制。

▲ 采访团赴长江香溪大桥项目工地采访

“十三五”期间，湖北省一以贯之推进长江大保护，统筹推进“厕所革命”、精准灭荒、乡镇生活污水治理和城乡生活垃圾无害化处理等重大生态工程，让湖北天更蓝、水更清、山更绿。本次报道更加生动地反映了长江沿线湖北段实施长江大保

护的探索、实践、思考和成就，为推进湖北省生态强省建设纪实、建言、鼓劲。

为展现全媒体呈现、立体化传播格局，“一江清水看中游——长江大保护实地踏访”大型全媒体系列报道活动组采用移动直播、网络专题、H5、微信、微博、报纸等形式多点开花，对长江主干线上的巴东县、宜昌市、荆州市、江陵县、石首市、监利市、洪湖市、武汉市、鄂州市、黄石市、黄梅县等地，进行实地探访，充分体现长江大保护宣传报道的高度、深度、广度与权威性，具有新鲜、生动、活泼的特点。

四、取得的成效

（一）实现新闻传播影响力的有效提升

湖北长江流程长、流域面积大，涉及地方、生态环境、水利、林业等多部门、多领域。此次报道过程中，武汉市、黄石市、宜昌市、荆州市、鄂州市、黄冈市、恩施市等地有关部门负责人密切配合，为深入报道长江大保护的“湖北作为”提供大量资料和新闻线索，共同保证系列报道的顺利完成。

在多平台新闻工作者的共同努力下，各种形式的宣传报道纷至沓来，有效增强了新闻传播力度。在《中国环境报》头版刊发了《搬迁整治　提升结构　优化布局　宜昌致力破解“化工围江”困局》，深度报道了宜昌市当地全面推进长江沿岸化工企业的搬迁整治、加快传统产业和重点行业转型升级的经验和做法，全面展示了宜昌市在长江经济带发展新思路的指引下，全面推进长江沿岸化工企业的搬迁整治，加快传统产业和重点行业转型升级，彻底为长江“减负”的勇气和决心。

《湖北日报》从4月14日刊发《干净，三峡沿岸的独特“优势”》开始，持续刊发10篇通稿共计2万余字，图片丰富、文字生动，凸显了报纸新闻的深度和厚度。

除此之外，“一江清水看中游——长江大保护实地踏访”系列报道制作短视频50余条，设计创意H5、VR产品、海报图片10余款，累计发稿100余条（次），充分展现了新媒体快速、直观、形式多样、互动性强等优势，不断提升新闻传播影响力。

（二）用足全媒体平台引发强烈反响

“一江清水看中游——长江大保护实地踏访”大型全媒体系列报道活动，在前期策划和采访制作过程中，根据“报、端、网、微”的传播特点，对报道内容逐一推出，次第呈现，形成强大影响力和传播声势。

石首市天鹅洲湿地，是麋鹿、江豚、东方白鹤等珍稀动物的主要栖息地。采访前，报道组通过新媒体平台发布预告消息海报图片，以“在长江边这片最美的湿地，主播给你亮出生物多样性雄厚的‘家底’”来设置话题，引来网友关注。直播中，报道组兵分三路，通过地面、空中、水上多点聚焦觅食嬉戏的麋鹿、跳跃

▲ 采访团赴荆州市石首麋鹿国家级自然保护区直播采访

翻飞的江豚、波涛涌动的壮美长江。丰富的内容、多样的视角，冲击着眼球。当日，直播间吸引了120余万网友观看、互动。趁着热度，各平台编辑围绕“麋鹿、江豚”，对图片、文字、视频进一步制作、多渠道分发，再度吸引50余万网友关注。后方编辑还实时推出创意H5《聆听长江的“声音”》，在移动端分享传播成为爆款。报纸也及时跟进，使石首市的湿地保护工作更具深度和样本意义。

▲ 采访团赴秭归县归州镇采访生态村建设情况

此次踏访活动还开展了“巴东清漂人”“宜昌破解‘化工围江’困局”“洪湖重回梦里水乡”等7场主题移动直播，制作了“60秒看完长江中游最美岸线”“走进长江边的最美湿地”等4个航拍小视频，在今日头条、斗鱼、壹直播等平台的综合点击量超过1000万次，点赞、跟评超过100万次。全方位、多角度、多平台、多媒体、图文并茂地反映了湖北省长江沿线长江大保护工作开展情况，系列深度报道引起了强烈反响。

五、经验启示

当前，各类媒体如雨后春笋般层出不穷，读者需求呈多元化发展，如何使新闻宣传更加生动、活泼，不断营造生态环境保护工作的良好舆论氛围，更需要创新报道视角，生动表达内容。

（一）大题材以“小”视角切入

长江是中华民族的母亲河，也是中华文明的重要发源地和摇篮，还是中华民族发展的“源头活水”。长江大保护是关系国家发展全局的重大战略，是一个系统性工程。对“长江大保护”这一宏观主题进行生动活泼的新闻宣传，需要创新形式、选题准确，不断满足读者多元化的阅读需求。

“宜昌市的化工产业到底如何进行搬迁拆除？”化工是宜昌市的重要支柱产业，约占全市工业总产值的三分之一，曾为当地经济作出重要贡献，但化工产业对长江生态环境危害严重。为此，宜昌市制定三年行动方案，沿江一公里内的化工企业，全部关停。如何进行搬迁拆除，真正做到一公里“留白”，一直是广大群众关注的热点话题。

为增强新闻传播影响力，报道组通过视频直播，直击长江南岸宜昌田田化工有限责任公司拆除现场。实时画面中，工人正在搬运生产装置。随后，记者随机采访 41 岁的韩承义，他在化工厂工作了 20 多年。“482 名工友全部签了劳动合同终止协议，清理物品时，大伙号啕大哭。”面对直播镜头，韩承义坚定地说：“长江大保护，既是保护我们自己，更是为子孙后代造福，必须舍小家为大家！”网友在直播间发弹幕表示，“见识了宜昌的决心，化工搬迁不易！”

以直播的形式，将小的细节融入大的背景中，这种表现手法真实、细腻，由点及面，既拉近了与受众的距离，又将长江大保护湖北作为的大主题表现了出来，

▲ 采访团赴宜昌市采访沿江化工产业园区环保工作开展情况

整个报道生动而不失厚重。

（二）“我”来讲述，让报道更有趣

新闻报道力求客观、公正，所以一般使用第三人称还原新闻现场。但在特定的场景中，使用第一人称来表达，会使受众耳目一新，让新闻更具感染力。

在石首市，人给鹿让地，一让 8000 亩，成为长江大保护的一段佳话。在报道中，记者并没有去赘述事实、罗列数据，而以“我”为江豚“娇娇”、麋鹿“团圆”代拟一份发言稿，讲述他们的生活习性、家族情况，与长江相守相望的故事，让大家一起感受生物多样性的美好，一起遇见生态环境的美好，相约一起为保护长江生态而努力。

（三）让受众“在现场”和我们“感同身受”

主题报道极易走向模式化、程式化，给人一副陈旧的“老面孔”。“一江清水看中游——长江大保护实地踏访”大型全媒体系列报道活动，把主题和受众紧紧联系到一起，并且以移动视频直播为主，让网友“在现场”和长江踏访记者一起“感同身受”。

武汉市是百湖之市，曾经水质常年在Ⅴ类和劣Ⅴ类徘徊，推进长江大保护，就是武汉市的生命线工程。报道组深入大江、大河、大湖，选取一个人、一段江堤、一面东湖和一项制度，以市民身边的变化，讲述江城长江大保护的精彩故事。

在视频直播中，记者还与“民间湖长”柯志强一起从汉口江滩黄浦门出发，往长江大桥方向查污护水，在实际行动中，讲述志愿者们多年来“行走江湖”的点点滴滴。直播中，记者不断设置悬念、回答问题，与网友实时互动交流，一路上，网友问得最多的就是“我也想去，怎样加入志愿者行列？”

六、结语

保护长江，功在当代、利在千秋。长江大保护成为全国上下关注的热点，尤其是湖北省长江流程长、流域面积大，从中央到省委、省政府，再到全省各地都高度重视、举措不断。此次湖北省生态环境宣传教育中心联合《中国环境报》《湖北日报》开展“一江清水看中游——长江大保护实地踏访”大型全媒体系列报道活动，经过周密策划、优化选题，不断挖掘新闻素材，采用传统媒体和新媒体结合的新闻报道方式，在“报、端、网、微”等全平台呈现长江大保护的“湖北作为”，同时与网友交流互动，主动回应热点话题，全面展现了随着长江大保护工作的深入推进，长江水质改善、江豚频频现身、麋鹿觅食嬉戏的优美生态画卷，有力推进了“生态优先、绿色发展”的长江大保护行动，也为今后全媒体呈现、立体化传播、增强新闻影响力提供了有力借鉴。

湖北省生态环境厅　喻　妙　李　斌

4 云南省“四个结合”新闻宣传系列实践

一、摘要

“十三五”以来，云南省生态环境宣传教育工作坚持以习近平生态文明思想和新闻舆论工作的新思想、新要求为指导，紧紧围绕新发展理念和改善生态环境质量这一核心，采用宣传内容点线面相结合的定位，主动发声与接受采访相结合的宣传方式，省、州（市）、县（区）协同联动的宣传方法，线上和线下相结合的宣传形式开展新闻宣传，弘扬主旋律，凝聚正能量，积极引导社会舆论，为深入打好污染防治攻坚战、推进生态文明排头兵建设提供强有力的思想保证和精神动力。

二、背景情况

党中央、国务院把生态文明建设和环境保护摆上更加突出的位置，“十三五”生态环境保护工作明确以改善环境质量为核心，生态环境宣传教育工作面临新的挑战：生态环境改善的复杂性、艰巨性、长期性，生态环境保护优化经济发展的紧迫性、必要性，生态环境宣传教育工作需要得到公众的理解和支持；新媒体快速发展、网络舆论环境日益复杂，生态环境信息的传播形式和方法亟待调整；公众对生态文化产品的需求不断增强，生态文化公共服务体系建设任重道远。新闻宣传工作作为政府部门主动发声的前沿阵地，发挥着至关重要的作用。要发挥好新闻宣传作用，唱响主旋律、打好主动仗、引导正向社会舆论，增强媒体和公众对生态环境保护工作的理解与支持，主动接受媒体和社会的监督，健全新闻发布工作机制，搭建宣传阵地堡垒，创新新闻宣传方式方法就迫在眉睫、势在必行。

云南省生态环境宣传教育工作坚持围绕中心、服务大局，全面贯彻落实《全国环境宣传教育工作纲要（2016—2020年）》，制定《全省环境宣传教育工作纲要（2016—2020年）》，广泛开展形式多样的生态环境宣传活动，积极推动绿色创建工作，加强与主流媒体合作，扎实推动公众参与，着力提升社会各界生态文明和环境保护意识，为云南省环保事业发展作出了积极贡献。

三、主要做法

（一）加强顶层设计，完善宣传制度

云南省生态环境厅制定和印发了《全省环境宣传教育工作纲要（2016—2020年）》《云南省环境保护厅新闻发布工作规定（试行）》（云环发〔2017〕17号）、《云南省生态环境厅关于认真贯彻落实〈云南省党务政务公开新闻发布管理实施办法〉的通知》（云环通〔2019〕66号），构建了厅党组统一领导，宣传机构组织协调，各处室、各直属

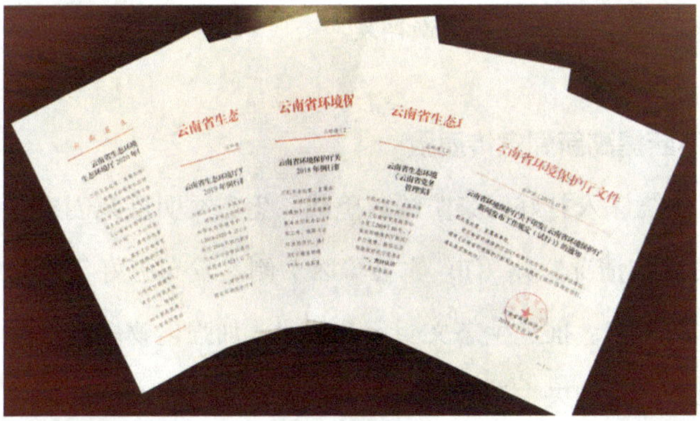

▲ 加强顶层设计，完善宣传制度

单位负责的新闻宣传工作机制，进一步完善全省例行新闻发布制度，组建了新闻发言人队伍，明确了新闻宣传联络人。厅党组年初审议例行新闻发布计划，明确发布的主题、时间及发布人等，根据生态环境保护重点工作的进展情况，每月组织召开新闻发布会，积极参加生态环境部和省政府新闻办新闻发布会，“十三五”期间共组织和参与新闻发布会 60 余场。

▲ “回眸‘十三五’ 奋进彩云南”云南省系列新闻发布会

（二）注重全面统筹，不断提高新闻宣传质量

以主题宣传内容为线，围绕深入打好污染防治攻坚战、生态文明示范创建等主题，省厅侧重发布全省的总体情况，州（市）、县（区）侧重发布打好污染防治攻坚战、深化生态文明体制改革、推进生态文明示范创建、加强生物多样性保护、环评服务经济社会发展、推进中央生态环境保护督察反馈问题整改、加强生态环境监管执法等方面的工作成效和亮点以及在工作推进中具有地方特色的经验

和做法；主题采访侧重先进典型案例和先进人物事迹的点上典型案例的反映，注重点线面结合、上下协同，从小切口入手反映面上情况，提升了宣传的效果和影响力，也有利于通过实战方式提升各级生态环境部门新闻宣传的能力，促进相互学习交流。

（三）坚持多措并举，不断提升新闻宣传效果

做到主动发声和接受采访相结合，加强舆论引导，传递生态文明正能量。一是围绕“绿水青山就是金山银山”理论创新实践基地建设、生态文明示范创建、生物多样性保护等主题和生物多样性日活动、六五环境日系列活动、低碳日主场宣传活动等社会宣传活动，每年组织开展深度主题采访、伴随式采访和集体采访10余次。二是开展全省生态环境系统生物多样性和生态环境保护新闻宣传素材库建设工作，积极主动向省委宣传部、新闻媒体提供新闻线索。三是就生态环境保护社会热点问题开展口径征集，建立口径库，主动发声。四是每天坚持向“云南发布”报送相关信息稿件，“十三五”期间共报送430条信息，稿件选用量在72家省级单位中一直位居前列。五是围绕中央生态环保督察、督察“回头看”及整改专项行动和重点工作的推进组织开展主题宣传报道，积极对接媒体开设专栏，加强日常互动，主动提供新闻线索，接受采访和专访近240余次。六是积极参加云南广播电视台《金色热线》系列栏目访谈录制及线上直播，每年协调厅领导带领部分处室负责人连线各州（市）生态环境局负责人，就群众关心、关注的生态环境保护话题和观众、听众进行沟通和交流，并现场回答提问。

（四）开展三级联动，不断加强新闻宣传能力

开展省厅与16个州（市）生态环境部门的联合发布，围绕深入打好污染防治攻坚战、生态文明示范创建等5个专题策划21场系列发布会，通过实战方式，促进了省级及州（市）、县（区）间新闻发布的联动，促进相互学习交流，锻炼

▲ 生态文明建设主题采访

▲ 云南广播电视台《金色热线》直播栏目

了各级新闻宣传队伍的能力。每年，在全省生态环境系统采用线上和线下相结合的方式，围绕宣传舆论引导、新闻发言、新媒体素养等开展专题培训，培训延伸到全省16个州（市）、129个区（县），充分利用生态环境部及省委宣传部、省委网信办各类宣传教育培训机会，增加与兄弟省份之间及全省各州（市）、区（县）之间的学习交流，通过系列培训与实战训练，全省生态环境系统新闻宣传的业务及实战水平不断提高。

▲ 例行新闻发布会现场

（五）坚持守正创新，不断丰富新闻宣传形式

开设“网上新闻发布厅”，及时上传新闻发布会实录；在厅“两微”平台推出“新闻发布实录”和“一图读懂”等新媒体产品，各州（市）生态环境局“两微”平台积极响应转载，全省矩阵平台上下呼应、同频共振，大大提升了新闻发布的宣传效果。

（六）强化舆情分析研判，加强舆论正确引导

制定网络舆情应对处置预案，建立了涉滇生态环境保护舆情预防分析研判会商机制等，建立舆情监测报送、分析研判、应对处置和舆论引导工作机制，规范舆情应对处置工作。一是制定《云南省生态环境厅网络舆情应对处置预案》《COP15 涉云南生态环境舆情预警判定和处置流程》《COP15 大会云南省生态环境厅网络舆情保障及应急处置工作方案》《涉滇生态环境保护舆情预防分析研判会商机制》等，规范舆情应对处置工作。二是落实“早发现、早报送、早研判、早核实、早处置”的“五早”要求，实行 24 小时值守，专人负责舆情实时监测，重要舆情专项监测、重点监测。三是落实舆情及时通、快报、周报、专报、重大舆情专报和月、季度、半年、全年分析报告报送机制，重要舆情及时报，持续跟踪舆情发展处置情况，重要舆情下达提示函或警示函，做到“早预警、早研判、早处置”。四是建立了季度舆情预防分析研判会商机制，每季度召开会议研判舆情敏感点，研究应对措施；成立了由高校、媒体、大数据平台及科研院所专家组成的 COP15 生物多样性舆情研判专家组，配合云南省生态环境厅对涉 COP15 生物多样性舆情应对处置提出防范和处置分析意见、专业应对口径。五是组建了特约、核心、骨干、基础的四级网评员队伍。加强同宣传部门、网信部门和媒体的交流沟通，积极开展舆论引导，占领舆论“阵地”，掌握主动权，把握正确舆论导向。

四、取得的成效

“十三五”末期，云南省生态环境宣传教育工作深入贯彻和大力宣传习近平生态文明思想和习近平总书记考察云南重要讲话精神，全面落实党中央对生态文明宣传教育工作部署和省委、省政府要求，完善机制、创新方法、提高水平，加强生态环境宣传教育和舆论引导，提升公民生态文明意识和生物多样性保护意识，

为持续改善云南省生态环境质量，争当生态文明建设排头兵营造了良好舆论氛围，打下了坚实社会基础，云南省生态环境宣教工作取得明显成效。其中，《云南日报》发稿300余篇，云南电视台宣传报道280余条，云南广播电台宣传报道310余条，《中国环境报》发稿1700余篇。通过共同努力，云南省全民环境意识显著提高，生态文明主流价值观在全社会得到弘扬，构建了全民参与环境保护社会行动体系，推动形成自上而下和自下而上相结合的社会共治局面，建立了传统媒体与新媒体融合发展机制，生态环境新闻宣传渠道进一步扩大，舆论引导的主动性进一步增强。

五、经验启示

“十三五”时期，云南省通过宣传内容点线面相结合，主动发声与接受采访相结合，省、州（市）、县（区）协同联动相结合，线上和线下相结合的“四个结合”新闻发布机制，围绕生态环境保护中心工作，坚持以改善环境质量为核心，通过新闻发布会、新闻媒体通气会等新闻宣传形式，主动发声、正确发声、及时发声，加强生态文明建设和生态环境保护工作的新闻宣传，加强生态环境保护法律法规和重大政策宣传，及时进行政策解读，引导媒体及时、准确、客观报道环境问题，向公众传递权威、准确的信息，加强新闻宣传队伍能力建设，做好突发环境事件和社会公众关注热点环境问题的回应，增强媒体和公众对生态环境保护工作的理解与支持，主动接受媒体监督、社会监督。同时，按照“及时准确、公开透明、有序开放、有效管理、正确引导”的原则，加强舆情监测和研判，把握时度效，正面有效引导社会舆论。目前，全省新闻宣传机制不断完善，新闻宣传成效明显提高，社会宣传效果不断拓展，网络宣传有声有色，舆情应对处置能力显著提升，基本形成人民群众广泛参与新闻宣传的良好局面。

六、结语

生态环境宣传教育工作作为生态环境保护事业的重要组成部分，是贯彻落实习近平生态文明思想、深入打好污染防治攻坚战的前沿阵地和重要支撑，发挥着统一思想、振奋士气、凝聚力量、解疑释惑、明辨是非的关键作用。我们必须坚持以习近平生态文明思想为指导，全面贯彻生态环境部及云南省委、省政府关于生态环境宣教工作的部署要求，积极开创云南省生态环境宣传教育工作新局面，努力争当生态文明建设宣传教育排头兵。

云南省生态环境厅宣传教育处　周　鑫　贺　蕊

第二章

社会宣传

1 “我是小小生态环境局长”环保公益宣传活动

一、摘要

为深入学习贯彻习近平生态文明思想，大力倡导践行“绿水青山就是金山银山”的理念，让生态文明走进校园、让生态知识进入课堂、让生态理念浸润童心，从2014年开始，天津市策划实施了“我是小小生态环境局长”环保公益宣传活动。九年来，活动始终坚持“生态文明自幼抓起，环境保护从小做起”的理念，通过组织开展“环保课堂”“环保知识竞赛”“环保演讲比赛”“环保短视频大赛”等内容丰富的生态文明宣传活动，激励孩子们学习生态知识，观察环境现象，思考环保问题，树立环保理念，参与环保活动，得到了社会各界的广泛认可和大力支持。九年间，共有800余所小学20余万名小学生直接参与活动，76名市级“小小生态环境局长”脱颖而出。

二、背景情况

学校是开展生态环境教育的重要阵地，青少年是未来生态文明、绿色生态的建设者，从孩子们抓起，组织开展互动式、体验式的生态环境教育活动，是开展生态环境宣传教育工作的有效途径。

党的十八大报告指出，“加强生态文明宣传教育，增强全民节约意识、环保意识、生态意识，形成合理消费的社会风尚，营造爱护生态环境的良好风气”。2012年颁布实施的《天津市环境教育条例》要求，“学校应当按照教育行政部门的统一要求，将环境教育内容纳入教学计划，结合教学实际落实师资和教学内容，并采取多种形式，组织学生参加环境教育实践活动，增强环境保护意识”。《2014年全国环境宣传教育工作要点》明确指出，“加强与宣传、教育部门和工、青、妇组织的联系，积极配合有关部门做好精神文明、妇女儿童等方面的工作，协调动员各方面力量，用好各方面资源，努力形成大宣传格局，形成环境宣传的整体合力”。在充分酝酿、准备的基础上，2014年，天津市在校园启动了“我是小小环保局长”环保公益宣传活动。①

“我是小小生态环境局长”环保公益宣传活动通过广泛深入地开展校园生态文明宣传教育活动，鼓励和支持小学生积极参与课外生态环境保护实践，在师生中倡导尊重自然、爱护自然的绿色价值理念，不断提升广大青少年的生态环境意识，引导小学生从小做起、从自身做起，参与生态文明建设，共建人与自然和谐相处的现代化。活动由天津市生态环境局、天津市精神文明建设委员会办公室、天津市教育委员会、共青团天津市委员会、天津市妇女联合会等单位指导，天津市生态环境综合保障中心主办，各区生态环境局、天津津云新媒体集团、天津三星公司协办。

① 2014—2018年活动名称为“我是小小环保局长”，自2019年起，该活动更名为“我是小小生态环境局长”。

▲ 六五环境日，天津市生态环境局局长与“小小生态环境局长”获奖代表牵手合影

三、主要做法

（一）各级重视，在健全组织体系、完善制度保障上下功夫

天津市非常重视校园生态环境教育工作，“我是小小生态环境局长”环保公益宣传活动刚刚开始，市主要领导就对活动作出批示：“‘我是小小环保局长’这类活动应在学前至高等教育领域以不同形式倡导，他们是未来生态文明、绿色生态的建设者”，为“我是小小生态环境局长”环保公益宣传活动持续进行指明了方向。天津市生态环境局作为活动主要指导单位，十分重视活动的策划实施，不仅把活动列入每年的《生态环境宣传教育工作要点》，还联合市委宣传部、市文明办、市教委、团市委、市妇联等部门，将活动列入《天津市“美丽中国，我

是行动者”提升公民生态文明意识行动计划（2021—2025 年）》等相关规划、计划中，保证了活动开展的连续性、持续性。天津市生态环境综合保障中心作为活动主办方，与各协办方通力协作，全力做好活动的组织、协调、资金保障等工作，认真制定活动方案、实施细则，及时下发《关于深入开展校园生态环境宣传教育活动的通知》《关于开展“我是小小生态环境局长”公益活动的通知》等文件，对各区开展校园生态环境宣传教育活动进行指导。各区也高度重视活动的组织，指定专人负责活动的策划，积极做好“我是小小生态环境局长”演讲比赛区级选拔工作，保证了活动的实施效果。

（二）精心策划，在丰富活动内容、创新活动形式上下功夫

“我是小小生态环境局长”环保公益宣传活动开展以来，活动主办方、协办方积极调研、认真谋划，始终坚持贴近校园实际，贴近小学生的生活，保证每一届的“我是小小生态环境局长”环保公益宣传活动在主题、内容和方式等方面有不同的侧重和创新，在广泛性、新颖性和趣味性上有新的提升。2019 年，在保留传统活动的基础上，增加了环保知识竞赛，让活动不只局限于“施政演说”。2020 年，为了克服疫情带来的困难，主办方将环保知识竞答、环保课堂等内容改为线上举办，既创新了活动的组织形式和参与方式，又保障了各项议程的顺利完成。2021 年，在“校园环保课堂”

▲ 第六届“我是小小生态环境局长”环保知识竞赛决赛现场

▲ 点亮环保，“艺”路同行——环保才艺展示现场

中，增加“知识点亮绿色生活 三星环保小博士”线上环保知识竞赛、“艺”路同行——环保才艺展示等内容，激发了孩子们的参与热情。2022 年，线上和线下同时发力，“来堂环保课，快乐过暑假”“点亮环保 践行低碳生活”、低碳闯关小游戏等线上活动，参与人数超过 30 万人；家庭环保短视频征集、小局长人气奖评选等活动，把活动从学校引入家庭和社会，倡导大家一起做低碳达人、共建低碳家庭。

（三）用心选题，在培养环境意识、激发环境责任上下功夫

为了激发小学生们的生态环境意识，认清自己从小肩负的环境责任，活动指导方、主办方围绕每年的生态环境重点工作和环保热点话题，在用心选好题上下功夫。2015 年，为配合新修订的《中华人民共和国环境保护法》的正式实施，以“大气污染防治”为主题，在全市开展“我是小小环保局长”演讲比赛。2016 年，为配合正在全面深入推进的全市水污染防治工作，以“水环境保护”为主题，组织开展第三届“我是小小环保局长”演讲比赛。2017 年，为配合《天津市土壤污染防治工作方案》的出台，第四届“我是小小环保局长”环保公益宣传活动以“呵护大地 建设生态家园”为主题，在全市万余名绿色学校的小学生们中组织开展演讲活动。2018 年，围绕打好污染防治攻坚战，以“你我携手行动，共建天蓝、地绿、水清的美丽天津”为主题，让小学生们阐述自己的“施政纲领”。

▲ 天津市首届“我是小小环保局长”演讲比赛决赛现场

2019—2021 年，根据生态环境部“美丽中国，我是行动者”相关活动的要求，“我是小小生态环境局长”环保公益宣传活动均以“美丽中国，我是行动者”为主题组织开展演讲比赛。2022 年，结合六五环境日的宣传要求，第九届“我是小小生态环境局长”环保公益宣传活动以“共建清洁美丽世界”为主题，在全市组织开展“我是小小生态环境局长”演讲比赛。这些选题充分结合了当下的生态环境工作和生态环境热点话题，积极引导小学生们从小树立远大志向，努力担当建设人与自然和谐共生的现代化重任。

（四）精心组织，在扩展活动影响、带动参与热情上下功夫

环保演讲比赛是“我是小小生态环境局长”环保公益宣传活动的传统项目，是展示小学生才华、激发小学生参与热情的切入口和突破口。天津把“我是小小生态环境局长”演讲分为初赛、半决赛、决赛三个环节，通过学校、各区以及主

▲ 第六届“我是小小生态环境局长”演讲比赛决赛现场

办方的精心实施，不断激发小学生荣誉感、责任感。初赛由各学校组织实施，通过环保主题班会等形式，发动小学生踊跃上台演讲，阐述自己成为“小局长”后的“施政纲领”，激发孩子们参与环境保护的热情；半决赛由各区生态环境局、区教育局联合组织实施，对辖区学校报送的“小局长”们进行选拔，确定 1～2 名代表选手参加市级决赛。各区的选拔比赛进一步激发了各学校的参与热情。在学校、各区选拔推荐的基础上，市生态环境局、市文明办、市教委、团市委、市妇联等部门联合组织开展市级总决赛，全市 16 个区的小选手们汇聚一堂，以“小局长”的职责和施政理念为中心展开演讲，最终选拔出本年度的“小局长”以及最佳指导老师、最佳组织单位等，并在六五环境日主场活动上，由市生态环境局局长为获奖“小局长”佩戴绶带。“我是小小生态环境局长”演讲比赛为小学生参与环境保护工作提供了舞台，进一步激发了他们建设美丽中国的责任感、使命感。

（五）多措并举，在推进公众参与传播环境理念上下功夫

为把“我是小小生态环境局长”环保公益宣传活动做深、做实、做出效果，天津市通过各种形式传播生态环境理念，扩大活动影响力和覆盖面。一是组织环保志愿者队伍走进学校开展生态环境教育。9 年来，共组织 1000 余人的环保志愿者队伍，走进全市 300 余所学校，为 2000 余个班级授课，把生态环境教育融入课堂教育当中，培养孩子们尊重自然、顺应自然、保护自然的自觉性和主动性。二是精心制作生态环境科普产品。9 年来，共制作各类生态环境科普宣传图书、漫画、视频等宣传品 50 余种，印制各类宣传品 20 余万份，向小学生们科普大气、水、土壤、“碳达峰”、“碳中和”等生态环境知识，丰富校园环保课堂教学内容，拓展学生生态环境知识。三是发挥“小局长”们在传播生态环境理念上的特殊作用。通过新媒体平台，先后开展了“小局长春节拜年”“小局长环保倡议”等专题宣传活动，组织了“人气小局长”“最受公众喜爱的小小生态环境局长”等评选活动，通过“小局长”们的自身环境行为和环保倡议，向社会传播生态文明理念，引起了社会各界的广泛关注和大力支持，参与互动人数达百万，提升了活动的传播力和影响力，并以此推动实现“小手拉大手，生态文明齐步走”的美好愿景，让生态文明理念走进千家万户，融入日常生活。

▲ 2018 年“我是小小环保局长”获奖代表与天津市生态环境局刘洁副局长合影留念

▲ 2019 年生态环境志愿者前往河西区平山道小学开展环保课堂授课

四、取得的成效

“我是小小生态环境局长”环保公益宣传活动自 2014 年发起以来，在各相关单位的大力支持以及天津三星公司志愿者的积极配合下，深入全市绿色学校，通过环保授课、环保知识竞赛、小小生态环境局长演讲比赛等形式，为广大热爱环保的小学生提供一个发表“环保见解”、展现自我风采的舞台，在广大师生中进一步倡导了简约适度、绿色低碳的生活方式，弘扬了尊重自然、爱护自然的绿色价值理念，极大地提升了广大青少年的生态环境意识。九年间，共有 800 余所小学 20 余万名小学生直接参与活动，76 名市级“小小生态环境局长”脱颖而出，有力推动了生态环境理念和“美丽中国，我是行动者”活动在校园落地生根。

“我是小小生态环境局长”环保公益宣传活动始终秉持小手拉大手理念，不断创新生态环境宣传教育形式，丰富活动内容，通过扎实深入的校园环境宣传，对孩子们渗透生态环境保护理念，带动家庭，影响社会，已成为独具天津特色的生态文明宣教名片，社会效益和品牌效应日益凸显。一届一届的“小局长”们在活动中得以历练成长，身体力行带动同学、亲友，一起成为生态环境保护的关注者、生态环境问题的监督者、绿色生活的践行者，达到了“小手拉大手，影响全社会，人人讲环保”的目的和效果。

五、经验启示

一要巧于借力用力，持续充实发展后劲。一方面，生态环境公益宣传活动的开展离不开多单位、多部门的积极配合，要坚持把凝聚多方力量作为开展工作的重要基础。“我是小小生态环境局长”环保公益宣传活动不断加强组织领导，联合市文明办、市教委、团市委、市妇联等单位，找准各方工作的结合点和切入点，凝聚宣传合力。另一方面，重视企业在生态环境宣传教育工作中发挥的积极作用，通过不断加强与天津三星公司的合作，强化企业环境主体责任意识，积极动员和引导企业参与生态价值理念和生态文化传播，开展生态文明公益宣传活动，主动履行环保社会责任。

二要勇于突破创新，持续注入新鲜活力。生态环境宣传教育工作离不开全社会的积极参与，鼓励、引导、支持公众参与生态环境保护工作至关重要。“我是小小生态环境局长”环保公益宣传活动积极开拓思路，不断创新理念，通过对孩子们进行生态环境教育，带动家庭，影响社会，达到了“小手拉大手，影响全社会，人人讲环保”的目的和效果，进一步推动生态环境宣传教育工作融入社会各领域、各层面，巩固完善了全民参与的生态环境宣教大格局。

三要善于营声造势，持续唱响生态文明建设主旋律。生态环境宣传教育工作要顺应时代变化，研究不同群体需求，发挥不同媒体优势，让宣传更富吸引力、感染力和号召力。“我是小小生态环境局长”环保公益宣传活动不断改进宣传方式方法：一方面充分利用活动协办单位津云新媒体集团的主流媒体优势，营声造势。另一方面高度重视新媒体宣传在传播生态文明、弘扬环境文化中的重要作用，将部分活动从线下转移到线上，配合活动制作生动活泼的新媒体宣传产品，进一步提升活动的传播力和影响力。

六、结语

党的二十大报告不仅汇聚了奋进新时代、建设美丽中国的磅礴力量，更是锚定了目标、指明了方向、明确了路径。生态环境宣传教育工作要以党的二十大精神武装头脑、指导实践。下一步，我们将深入学习宣传贯彻党的二十大精神，以习近平新时代中国特色社会主义思想为指引，认真落实生态环境部及天津市委、市政府工作部署，全力推动《天津市生态文明教育促进条例》的贯彻落实，进一步加强生态环境宣传教育工作力度，大力弘扬生态文化，传播生态价值理念，不断创新生态环境宣传方式方法，着力在宣传活动上出亮点，进一步将“我是小小生态环境局长”环保公益宣传品牌做大、做强，更好地服务生态环境保护工作高质量发展，推动形成简约适度、绿色低碳的生活方式，为建设美丽天津营造良好舆论氛围。

天津市生态环境综合保障中心　王怡然　郝英男

2 “生态文明·趣享自然”儿童青少年环境教育系列活动

一、摘要

“生态文明·趣享自然”儿童青少年环境教育系列活动自2017年11月启动，不断探索生态环境宣传教育活动新模式，2022年7月起正式由线下活动向全过程线上活动转型。通过导赏员的自然导赏及线上指导，引导儿童青少年从身边日常的事物着手，开展植物、昆虫和鸟类相关主题的实践活动，学习生物知识，培养生态文明意识。

根据每年的生态文明宣传主题，主要针对儿童青少年群体，精心设计有趣味性、有互动性、有延续性的线上、线下环保科普活动及课程，通过高频次、高覆盖度的活动，让参与者在潜移默化中学习环保知识与理念。同时，每年对活动进行参与度评估，不断优化活动内容、创新活动形式、提升活动品质，有效激发社会参与环保的热情，增强社会参与的广泛性。

二、背景情况

为深入学习宣传贯彻习近平生态文明思想，贯彻《关于深入打好污染防治攻坚战的意见》，落实党中央、国务院关于推进生态文明建设、加强生态环境保护的要求和《“美丽中国，我是行动者”提升公民生态文明意识行动计划（2021—2025 年）》，进一步加强生态文明宣传教育工作，引导全社会牢固树立生态文明价值观念和行为准则，助力推进生态文明建设，在上级部门的支持下，上海市浦东新区环境管理事务中心持续开展“生态文明 · 趣享自然”儿童青少年环境教育系列活动。近年来，为积极配合疫情防控工作，活动由线下逐步向线上转型，逐渐发展成导赏员网络讲解、受众线上观看、鼓励儿童青少年线下自主探索实践的新模式，激发儿童青少年对自然科学的兴趣，通过体验自主习得生态环境知识，了解生物多样性和生态文明的重要性，使儿童青少年建立良好的情感态度价值观、树立生物多样性和生态文明观念，以实际行动践行习近平生态文明思想。

三、主要做法

“生态文明 · 趣享自然”儿童青少年环境教育系列活动以单元活动形式开展，每个单元活动时长为 2 ～ 3 小时，采用导赏和动手实践相结合的方式。活动开展的过程主要分为“五步走”：活动设计—活动招募—活动开展—活动回顾—活动优化。

（一）活动设计

好的活动设计是开展活动的重要基础。本系列活动根据每年的生态文明宣传主题，融合重要环境节日节点和传统节日节气，经过充分的前期公众意见调查，针对儿童青少年群体，精心设计集趣味性、互动性、延续性为一体的单元化线上、线下亲子环保科普活动及课程整体方案。同时做好各种应急预案，根据实际情况可实时调控。

（二）活动招募

每场单元活动开展前，根据活动主题、活动内容、参与对象、参与人数等编辑微信公众号招募文章，通过“上海环境”“浦东环境”微信公众号等新媒体平台提前 3 ～ 5 日对公众发布活动招募信息，公众通过向后台发送信息进行报名。报名成功后由后台工作人员联系进入活动微信群，以便保障活动期间的信息沟通和体会交流，也为进一步扩大生态环境宣传教育活动粉丝群奠定扎实的基础。

（三）活动开展

活动流程包含活动签到、学习导赏和教学实践。活动签到后由活动导赏员引导儿童青少年进行探索发现或讲授相关课程，学习动植物基础知识、观察技能和探索方法。最后在导赏员的指导下完成教学实践，培养儿童青少年的思考能力和动手能力。活动中时常设置“彩蛋”，给参与者带去惊喜，寓教于乐、寓学于乐，使儿童青少年在探索发现中学习生态环保知识，在潜移默化中深植生态文明理念。例如，2019 年 7 月 20 日晚，本系列单元活动之一“夏日奇妙夜——林间探趣”于张江汇智湖畔开展，活动从夜游主题讲座《寻找夏夜林间的精灵》开始，介绍上海市城区绿地中的生物物种夜游观察技巧和夜间生物观察所必须遵守的守则。随后，孩子们在导赏员的带领下找到了夜间活动的动物，还观察到“金蝉脱壳”的全过程，满足了儿童青少年的好奇心，不少本来对昆虫畏惧的孩子也喜欢上了昆虫。孩子们通过观察和思考知道了许多新的生物知识，实践了生物识别技能。

▲ 张江汇智湖畔“夏日奇妙夜——林间探趣”

（四）活动回顾

单元活动结束后，主办方充分发挥微信公众号等新媒体平台的宣传作用，以“文字 + 照片 + 视频”的形式展现活动全过程，展示儿童青少年在活动中的教学实践成果，以及对自然环境的所思、所想、所感、所悟。同时将活动知名度进一步提升，打响活动品牌，从而吸引更多儿童青少年及家长关注和参与到活动中。

（五）活动优化

为不断提升系列活动质量，主办单位以年度为周期，进行梳理摸排，通过问卷调查的形式广泛了解公众对生态环境宣传教育活动的整体需求；通过满意度调查精准分析活动受众的反馈意见和建议。在充分掌握外部信息的情况下持续调整活动主题，丰富课程内容，去同存异、去劣存优、精益求精，为儿童青少年带去更生动有趣的沉浸式自然环保课堂。

“生态文明 · 趣享自然”儿童青少年环境教育系列活动通过活动设计—活动招募—活动开展—活动回顾—活动优化“五步走”形成活动闭环，在圆满完成每个单元小活动的同时促使系列活动正向发展，探寻更易被儿童青少年接纳的生态环境宣传方式，创新绿色环保理念传播途径，提升生态环境宣传教育效果。

四、取得的成效

（一）形成“趣味性探索学习和游戏互动”为一体的活动品牌

本系列活动利用周末、节假日时间，定期组织开展“春日寻芳”“探秘种子旅行”“秋日寻鸟”“探秘后滩精灵”“踏雪赏梅”等单元化生态环境主题教育亲子活动，带领儿童青少年走出室内，从钢筋水泥森林中挣脱出来，寻一片自然之地，以体验式、浸入式的生态环境宣传教育方法，使儿童青少年感受浦东生态环境保护成果、接受环保知识与理念，逐步打响“生态文明 · 趣享自然”儿童青少年环

▲ 2017 年世纪公园“寻找秋天的足迹”系列活动首场

境教育系列活动品牌。

（二）形成“项目化、菜单式”的活动单元，不断传播生态环保知识和技能

每个活动单元中，儿童青少年能够学习和观察到 8 ～ 10 种常见植物、昆虫或鸟类的特点、习性和生活环境，同时，可以在活动中掌握观察的方法、工具的使用方法、学习数据分析能力和活动策划等相关技能。活动着重培养儿童青少年的发现力、专注力，激发儿童青少年对自然科学知识的兴趣，通过体验，自主习得自然相关知识，了解生物多样性和生态文明的重要性，使儿童青少年建立良好的价值观、树立生物多样性和生态文明观念，以实际行动践行习近平生态文明思想。

▲ 2019 年世纪公园“秋日寻鸟”活动

（三）探索形成新形势下的创新活动模式

为全力配合疫情防控工作，避免人员聚集，同时兼顾“生态文明·趣享自然”儿童青少年环境教育系列活动的开展，2022 年 7 月起，主办单位不断开拓创新，活动由“线上宣传 + 线下开展”模式向全过程线上模式转型。从课程内容、教学方式、参与方式等转变入手，创新线上活动方案，沟通落实直播平台搭建，再三进行直播地点踏勘，反复试播选取最佳拍摄角度，完善后期录像剪辑回放等一系列工作，最终呈现给儿童青少年与众不同的新奇自然课堂体验，进一步激发儿童青少年自主思考、自主学习、独立动手的能力，取得良好效果。目前，“生态文明·趣享自然”儿童青少年环境教育系列活动已形成线上、线下两套活动方案，能够根据疫情防控情况实时调整。

（四）形成有延续性和推广性的活动范例

“生态文明·趣享自然”儿童青少年环境教育系列活动自 2017 年 11 月首场活动以来，至今仍在持续开展。“十三五”期间，该系列活动总共开展 20 场，受众达 800 人次。2022 年以“高频率、接地气、重实效”的原则开展 9 场线上活动，每场直播室人数上限 20 人，直播观看参与数量累计达 180 人次，线上回放数量达 3 000 余次，受到广大市民，尤其是儿童青少年的欢迎，吸引了更多环保达人加入环境保护大家庭中，并通过活动组建了微信群、QQ 活动发布群，拥有相对固定的粉丝人群且不断扩大，逐步形成社会公众参与环保的网络平台，面向社会大众起到有广度、有深度的宣传作用。本系列活动荣获 2022 年浦东新区未成年人暑期优秀活动项目一等奖。

五、经验启示

（一）“奇”在独特，融合浦东独有的地域特色

浦东新区的生态资源丰富，同时拥有 19 家环境教育基地，为活动的开展提供了众多资源。活动带领儿童青少年在喧闹的城市中寻找静谧的自然，共同分享浦东生态建设的红利，春季赏花、夏季听蝉、秋季观鸟、冬季踏雪。如，初夏时分，走进华夏公园探秘浦东原生本土动物——獐，参观野生动物救助站。绚烂秋日，走进金海湿地公园、世纪公园一起“寻鸟踪”，跟鸟儿度过欢乐时光。冬季走进浦东新区区级环境教育基地孙桥溢佳农业园，观赏热带植物，领略南国风情，探秘番茄星球，进行采摘和科学小实验。

▲ 2019年华夏公园探秘浦东原生本土动物——獐

（二）“贵”在坚持，持续开展高质量宣教活动

“生态文明·趣享自然”儿童青少年环境教育系列活动旨在带领儿童青少年亲近和感受自然，在儿童青少年心中播撒生态文明的种子，耐心等待它们生根、发芽、开花、结果。系列活动累计开展线上、线下活动共29场，受众约4000人次。活动通过问卷调查和满意度调查等方式，做好课前、课后数据信息分析，持续改善课程质量，完善活动架构，充实授课内容，活动质量呈螺旋式上升趋势。

（三）“实”在积累，打好扎实的活动粉丝基础

活动通过“上海环境”“浦东环境”微信公众号等新媒体平台发布信息，做到“一课一群”，有专业的自然导赏员在活动群里答疑解惑，有热心的家长朋友在群里分享活动照片，有好学的小朋友在群里发表活动体会和感悟，逐步打下扎

▲ 2019 年孙桥溢佳农业园环境教育基地“相‘溢’得‘樟’，香樟手作之旅”活动

实的活动粉丝基础。“生态文明 · 趣享自然”儿童青少年环境教育系列活动受到广大儿童青少年及家长的关注，宣传面进一步拓宽，宣传力度进一步加大。活动受到参与者的一致好评，参与此系列线上活动的儿童青少年及家长纷纷表示，“生态文明 · 趣享自然”儿童青少年环境教育系列线上活动在积极配合疫情防控工作的前提下为儿童青少年拓展活动渠道，内容丰富多彩，使儿童青少年学习如何贴近自然，观察和感受身边环境的美好，传播了生态文明理念，受益匪浅。

（四）“重”在创新，开拓环境宣传教育活动新方式

“生态文明 · 趣享自然”儿童青少年环境教育系列活动以线下开展的形式累积经验，形成一整套类别丰富、体系完整的活动课程后，主办单位积极开创活动新形式，开拓活动新方法，使系列活动在疫情防控新形势下以线上直播的模式顺利开展。如，2022 年主办单位以高频率、高密度、高质量的原则，组织开展本系列 6 场暑期线上单元活动，活动根据夏季的物种资源来安排主题和内容，贴合儿童青少年身边易于观察的事物，活动材料也是随手可得，突破线上活动的局限，使得儿童青少年足不出户也能亲近自然，了解活动中各种生物的特点、习性和生活环境，通过体验自主习得相关知识，了解生物多样性和生态文明的重要性，引导儿童青少年在活动结束后独立思考，践行习近平生态文明思想。

六、结语

“生态文明 · 趣享自然”儿童青少年环境教育系列活动是在习近平生态文明思想的指引下，致力于引导全社会牢固树立生态文明价值观念和行为准则、助力推进生态文明建设所开展的生态环境宣传教育活动。活动充分运用浦东新区丰富的生态资源和教育基地资源，以公众意见和活动反馈为前提，持续提升完善系列活动主题内容。以集趣味性、互动性、延续性为一体的线上、线下单元化活动模式，带领儿童青少年在城市中寻找自然、体会自然、感悟自然，展示浦东生态环境建设成果。主办单位积极探索新形势下活动开展形式，创新生态环境宣传教育方式方法，努力保证每一场活动顺利开展的同时兼具教育意义，使儿童青少年通过活动亲近自然，收获生态环境知识，习得观察技能和探索方法，培养自主思考、自主学习、独立动手的能力。主办单位全力将“生态文明 · 趣享自然”儿童青少年环境教育系列活动打造成可复制、有特色的活动范例模板，借助微信公众号等新媒体平台，以点到面，传播绿色发展理念，鼓励儿童青少年从小践行习近平生态文明思想，共同建设蓝天白云、清水绿岸、鱼翔浅底的美丽新浦东。

上海市浦东新区环境管理事务中心　陈云红　倪　欢

3 线上、线下"公民十条"系列宣传推广活动

一、摘要

习近平总书记指出，"每个人都是生态环境的保护者、建设者、受益者，没有哪个人是旁观者、局外人、批评家，谁也不能只说不做、置身事外。"《公民生态环境行为规范（试行）》（以下简称"公民十条"）发布以来，福建省始终把"公民十条"的宣传推广，作为推进生态环境宣传教育工作的重要抓手和优先领域，充分整合优势资源，不断凝聚部门合力，持续拓宽推广渠道，着力深化形式创新，已影响和覆盖近千万各类人群，进一步激发了公众保护生态环境的主人翁意识和行动自觉，在全社会初步形成人人、事事、时时崇尚生态文明的良好氛围。

二、背景情况

福建省是习近平生态文明思想的重要孕育地和实践地，习近平同志在福建省工作期间就极具前瞻性地提出了建设生态省的战略构想，部署推进一系列生态文明建设的重大实践。福建人民在享受良好生态的同时，爱护生态、保护生态环境的意识也深深扎根在心底，这些都为我们做好生态环境宣传教育工作打下了坚实的基础。

2018年6月，生态环境部、中央文明办、教育部、共青团中央、全国妇联等五部门联合发布《公民生态环境行为规范（试行）》，从关注生态环境、节约能源资源、践行绿色消费、选择低碳出行等10个方面，以通俗易懂、易记易行的语言，引导公民践行生态环境责任，共同建设美丽中国，为福建省深化推进生态环境保护，引导推动人人参与的浓厚社会氛围，提供了系统路径和具体的行动指南。

福建省以“公民十条”的出台为契机，在前期取得阶段性成效的基础上，大力做好宣传推广工作，把“公民十条”讲明白、讲透彻，真正入脑入心、落实于行。公众对生态环境保护工作的知晓率、参与率、满意率再上新台阶，简约适度、绿色低碳已成为人们生产生活新风尚。

三、主要做法

生态文明是人民群众共同参与、共同建设、共同享有的事业，必须增强全民节约意识、环保意识、生态意识，把建设美丽中国转化为每一个人的自觉行动。福建省从强化顶层设计、突出上下联动、用活宣传载体、创新推广方式等方面多措并举、协同推进，切实增强“公民十条”宣传的感召力、凝聚力、影响力。

（一）强化保障，全省“一盘棋”

福建省生态环境厅始终把“公民十条”宣传推广作为推进生态环境保护的一项重要工作，厅领导亲自谋划、亲自部署、亲自推进，统筹开展全方位、多形式、接地气的各类宣传活动；坚持以上率下，每年把“公民十条”宣传推广纳入《福建省生态环境宣传教育工作要点》统一部署，指导督促全省各级生态环境部门切实扛起宣传推广的责任；发挥制度管根本、管长远的作用，与省委宣传部、省委文明办、省教育厅、团省委、省妇联等部门联合出台《福建省贯彻落实〈“美丽中国，我是行动者”提升公民生态文明意识行动计划（2021—2025年）〉方案》（闽环保宣

〔2021〕11号），合力推动“公民十条”在全省落细落实。

（二）守正创新，增强“传播力”

深刻把握信息传播特点，紧密围绕增强传播效能，在整合优势资源上下功夫，依托报纸、电视、广播、网站、短信、“福建生态环境”微信、微博、头条号、抖音号、广告媒屏等“十位一体”的融媒体平台矩阵，着力打造全覆盖、立体化的“公民十条”宣传格局。充分发挥政务新媒体作用，紧抓传播平台的流行趋势和热点，策划开展“我承诺，我践行”等系列线上宣传互动活动，将“公

▲ 多平台多样化开展“公民十条”宣传推广

民十条”内容融入场景绘制、融入有奖问答，吸引公众广泛参与。积极尝试多元传播风格和话语风格，精心策划制作微视频、微动画、H5、图说、宣传片等趣味性强、参与性高、文化价值高的新媒体传播精品，“声、屏、报、网”同频共振，立体直观呈现“公民十条”内容和主题，让不同年龄层受众在潜移默化中涵养生

▲ “公民十条”线上宣传互动活动

美丽中国 我是行动者丨福建省生态环境厅制作发布《公民生态环境行为规范（试行）》动画宣传视频

福建生态环境

收录于合集
#2020年六五环境日

2018年生态环境部、中央文明办、教育部、共青团中央、全国妇联等五部门联合发布了《公民生态环境行为规范（试行）》，简称"公民十条"，倡导形成简约适度、绿色低碳的生活方式，引领公民践行生态环境责任，携手共建天蓝、地绿、水清的美丽中国。

为进一步深入传播《公民生态环境行为规范（试行）》，2020年六五环境日来临之际，福建省生态环境厅特别策划"美丽中国，我是行动者"2020年福建省六五环境日主题活动之制作发布《公民生态环境行为规范（试行）》动画宣传视频。

美丽中国 我是行动者｜小山小水"偶"遇记——福建省环保公益宣传动画

福建生态环境

福建省生态环境厅以中国生态环境保护吉祥物"小山"、"小水"为原型，将首批国家级非物质文化遗产泉州传统提线木偶与动漫相结合，制作环保公益宣传动画《小山小水"偶"遇记》。

来吧！加入我们，共同遵守《公民生态环境行为规范（试行）》，以实际行动自觉践行绿色低碳的生产生活方式，携手"小山"、"小水"，共建美丽中国。

福建生态环境 V
2020-6-3 09:39 来自 微博视频号

【#美丽中国我是行动者#丨福建省生态环境厅制作发布《公民生态环境行为规范（试行）》动画宣传视频】2018年生态环境部、中央文明办、教育部、共青团中央、全国妇联等五部门联合发布了《公民生态环境行为规范（试行）》，简称"公民十条"，倡导形成简约适度、绿色低碳的生活方式，引领公民践行生态环境责任，携手共建天蓝、地绿、水清的美丽中国。

为进一步深入传播《公民生态环境行为规范（试行）》，2020年六五环境日来临之际，福建省生态环境厅特别策划"美丽中国，我是行动者"2020年福建省六五环境日主题活动之制作发布《公民生态环境行为规范（试行）》动画宣传视频。
@生态环境部 福建生态环境的微博视频 收起全文

阅读 5万 推广 46 8 17

《小山小水偶遇记》成功入选2020优秀生态环境宣传产品

福建生态环境

为深入学习宣传贯彻习近平生态文明思想，大力宣传新时代生态文明建设和生态环境保护的新进展、新成效，不断提升宣传教育工作水平，弘扬主旋律，传播正能量，生态环境部2020年开展了优秀生态环境宣传产品征集评选活动，由福建省生态环境宣传教育中心选送的宣传片《小山小水偶遇记》成功入选。今天，让我们共同欣赏《小山小水偶遇记》。

制作发布"公民十条"动画视频和木偶动漫剧

态文明之风。多角度策划选题，常态化在主流媒体推出践行“公民十条”相关报道，福建省生态环境政务新媒体矩阵同步转发，形成宣传的乘积效应，让“公民十条”宣传打出声势、宣出氛围、家喻户晓。针对人大代表、政协委员、环保监督员等特定人群，精准开展手机短信群发，点对点开展“公民十条”宣传。

（三）突出特色，提升“吸引力”

致力把“公民十条”宣传推广，打造成福建省特色的生态环境宣传教育品牌。深入挖掘地方传统文化，把泉州非遗木偶与生态环境保护宣传相结合，创作国内首部以中国生态环境保护吉祥物小山、小水为主角的提线木偶剧和木偶动漫剧，并结合不同阶段宣传重点植入主题、形成系列，常态开展网上展播、实地巡演，得到各年龄层群众的热烈追捧。邀请专业团队，精心设计制作“公民十条”宣传册、挂钩、扇子、书签、宣传折页等系列宣传品，结合“公民十条”知识在线下宣传活动现场开展竞答并进行分发，增强公众学习“公民十条”的主观能动性，让绿色低碳理念更加入脑入心。

（四）借力发力，做大“同心圆”

坚持理念宣传与环保实践有机融合，组织开展形式多样、群众喜闻乐见，且能广泛参与、从中受益的生态环境宣传教育活动，让生态文明理念浸润人心。把“公民十条”作为重要内容，融入六五环境日主题活动，融入环保设施向公众开放，融入书法、摄影、征文比赛等“美丽中国，我是行动者”主题实践活动，持续推动生态环境宣传工作从“纸面”到“地面”的转变，让每一位美丽中国的行动者，都成为“公民十条”的传播者、践行者。充分发挥环保社会组织在“公民十条”宣传推广中的作用，采取联合开展各类社会宣传活动等方式，广泛宣传“公民十条”，引导更多人共同绘就八闽生态环境“高颜值”。

▲ 制作发放形式多样的“公民十条”宣传品

▲ 线下活动有机融入“公民十条”宣传内容

（五）比学赶超，培树“新标杆”

注重培育、挖掘、推出在生态环境保护方面作出突出贡献的先进典型，大力宣传坚守生态环境保护一线的工作者、自觉保护生态环境的各界人士，激发人们的思想认同、情感共鸣和效仿意愿。对宣传践行“公民十条”成绩突出的单位和个人，在推荐评选最美环保人、最美生态环境志愿者、环保设施开放十佳单位等先进典型中给予重点考虑，让公众学有榜样、行有方向。每年年底，对福建省各地宣传推广“公民十条”等工作情况进行梳理归纳，总结亮点再接再厉。

四、取得的成效

几年来，福建省坚持上下联动、左右协同，以“大合力”保障“大落实”；抓住“人”这个根本和关键，持续推进新媒体与传统媒体优势互补，线上与线下融合互动，增强“公民十条”宣传的吸引力和互动性；不断强化宣传引导，创造良好社会氛围，持续激发公众的思想认同、情感共鸣和践行意愿，“公民十条”在守护生态“高颜值”、服务发展“高质量”、惠民生活“高品质”中的作用日益凸显。

（一）社会共治大格局加快形成

“公民十条”的宣传推广，不仅以小见大、以小促大，把公众的“微行为”汇聚成“众力量”，更进一步发挥各部门资源和渠道优势，凝聚强大合力，形成1+1>2效应。福建省政协、省妇联、国网福建电力等单位主动要求参与主办承办各类生态环境主题活动，众多企业也通过主动报名开放环保设施等形式践行社会责任，进一步提升了生态环境宣传的覆盖面和影响力。

（二）公众参与热情空前高涨

“公民十条”为公众身体力行参与生态环境保护提供了具体的行动指南，福建省生态环境厅强化人力、物力、机制保障，积极营造良好氛围，不断拓宽“公民十条”覆盖面和知晓度，让大众了解环保、理解环保、参与环保。在鼓励公众从身边小事做起的基础上，常态化开展六五环境日、绿色低碳、环保“十进”、生态文化等系列形式多样的活动，为公众广泛深入参与生态环境保护搭建平台、创造条件。积极组织媒体深入基层、深入一线，挖掘身边人、身边事，讲好福建生态环保故事；通过微信、微博、媒体等载体开辟公众监督渠道，收集听取人民群众对生态环境保护的意见建议，一系列群众身边突出生态环境问题得到解决。从山乡到沿海，人人有责、人人尽责参与生态环境保护正成为越来越多人的生活新常态。

（三）宣传教育转型步伐加快

福建省始终把生态环境宣传教育方式的现代转型，作为生态环境治理体系和治理能力现代化的重要组成部分，一体谋划，深入抓实抓好。以“公民十条”的宣传推广为契机，在着力增强传统“摆摊设点”宣传吸引力的基础上，主动拥抱信息化浪潮，抓住不同年龄层的特点，以前所未有的密度和频次，在政务新媒体平台推出一系列宣传产品，公众可以随时随地打破时空界限参与其中，让生态环境宣传教育既有精度、更有温度。

五、经验启示

一个人习惯的养成需要很长时间，如何把公众对“公民十条”的了解认同转化为实际行动，是我们做好“公民十条”宣传推广重要的思考方向。福建省在行动中始终坚持既要有“韧劲”，又要巧用劲，完全健全保障机制，久久为功深化推进，新闻宣传和主题活动并举，循序渐进深入引导，让每个人内化于心、外化于行，推动形成绿色低碳的生产方式和生活方式。

（一）必须强化保障抓落实

不认真抓好落实，再好的蓝图都会沦为空中楼阁。要充分认识做好“公民十条”宣传的重要性和必要性，不驰于空想，不骛于虚声，真正做到思想上高度重视，行动上坚定有力，切实把“公民十条”宣传推广，作为推动生态环境宣传教育整体提升的重要抓手，统筹谋划打好主动仗、整体仗，充分做好各方面的保障，一层盯一层，层层抓落实。

（二）必须以人民为中心抓落实

做好“公民十条”宣传推广，首先必须俯下身子、深入群众，倾听群众最想了解什么，参与生态环境保护的最主要途径是什么，针对性把“公民十条”转换成为群众喜闻乐见的语言、喜闻乐见的形式，通过群众日常习惯获知信息的渠道，把生态环境的理念、环保的知识以通俗易懂、潜移默化的方式影响更多的人。

（三）必须以行动见成效抓落实

不仅要抓宣传，让公众了解“公民十条”具体内容，更要重实效，在破解“知易行难”上下功夫。鼓励和引导公众，把生态文明理念内化于心、外践于行，以“公民十条”中的10个方面为重点，从细微点滴的身边小事做起，主动参与保护生态环境，让福建省的天更蓝、山更绿、水更清。

六、结语

生态环境宣传教育没有等出来的辉煌，只有干出来的精彩，需要我们久久为功树新风，绵绵用力抓落实。福建省正是牢牢抓住“公民十条”宣传推广这个“牛鼻子”，坚持大处着眼，小处着手，呼应群众喜好，满足群众需求，突出群众参与，与时俱进开拓创新，让生态文明理念真正走进千家万户，融入日常生活，成为全民自觉。新时代、新征程、新使命，面向未来，我们将深入学习宣传贯彻党的二十大精神，牢固树立和践行“绿水青山就是金山银山”的理念，始终保持“永远在路上”的执着，拿出“没有完成式”的韧劲，接续努力把“公民十条”作为一项系统工程来抓，不忘初心、砥砺前行、担当作为，不断壮大美丽中国的“行动者”，绘好生态环境的“工笔画”，让生态文明之花永葆鲜艳。

福建省生态环境宣传教育中心　林祥聪

4 习近平生态文明思想百场宣讲活动

一、摘要

2018年5月，全国生态环境保护大会召开，正式确立习近平生态文明思想，举起了新时代生态文明建设的思想旗帜。为迅速在河南省掀起学习贯彻习近平生态文明思想的热潮，加快形成全社会共同关心、支持和参与生态环境保护的强大合力，坚决打好污染防治攻坚战，河南省委决定在全省组织开展学习贯彻习近平生态文明思想百场宣讲活动。

在河南省委的高度重视和统一领导下，省委宣传部、省生态环境厅等多方联动，严密筹备安排这一声势浩大的宣传教育活动。2018年6月28日，河南省委组织召开习近平生态文明思想百场宣讲动员会暨首场宣讲报告会，时任河南省委书记王国生作动员讲话，中央第一环境保护督察组副组长、生态环境部副部长赵英民应邀作宣讲报告。6月28日至8月10日，专题宣讲团深入全省18个省辖市、107个县进行了126场宣讲，7万余人现场参会。其间，河南省生态环境厅同步开展送万册《习近平生态文明思想摘要》进基层活动，媒体对活动展开持续深入报道。宣讲活动有影响、有声势、有效果，营造出学习贯彻习近平生态文明思想的浓厚氛围，更好地把广大干部群众的思想和行动统一到党中央决策部署上来，有力地推动了习近平生态文明思想在中原落地生根、开花结果。

▲ 习近平生态文明思想百场宣讲动员会暨首场宣讲报告会现场

二、背景情况

党的十八大以来，以习近平同志为核心的党中央把生态文明建设作为统筹推进“五位一体”总体布局和协调推进“四个全面”战略布局的重要内容，谋划开展了一系列根本性、长远性、开创性工作，推动生态文明建设和生态环境保护从实践到认识发生了历史性、转折性、全局性变化。总体上看，我国生态环境质量持续好转，出现了稳中向好趋势，但成效并不稳固，稍有松懈就有可能出现反复，生态文明建设仍挑战重重、压力巨大、矛盾突出，推进生态文明建设还有不少难关要过，还有不少硬骨头要啃，还有不少顽瘴痼疾要治。重污染天气、黑臭水体、垃圾围城、农村环境脏乱已成为民心之痛、民生之患，严重影响人民群众生产生活，老百姓意见大、怨言多，甚至成为诱发社会不稳定的重要因素，形势仍然十分严峻。

2018年5月29日举行的全国生态环境保护宣传工作会议提出："以习近平生态文明思想为指导努力营造打好污染防治攻坚战的良好舆论氛围。"在生态文明建设正处于压力叠加、负重前行的关键期，提供更多优质生态产品以满足人民日益增长的优美生态环境需要的攻坚期，有条件、有能力解决生态环境突出问题的窗口期，有必要在河南省范围内展开一场大宣传、大教育，进一步统一思想，提高认识，推动各级党委、政府深刻理解习近平生态文明思想，充分认识生态环境保护的重大意义，把生态文明建设重大任务、重大部署落到实处。

▲ 时任河南省委书记王国生在宣讲动员会上讲话

三、主要做法

一是省委政治站位高，贯彻中央决策部署态度坚决。全国生态环境保护大会和全国生态环境保护宣传工作会议结束后，河南省委以高度的政治敏锐性和政治自觉性，坚持把学习宣传贯彻习近平生态文明思想作为一项重大政治任务，迅速作出了开展百场宣讲活动的决定，要求在河南省掀起学习贯彻习近平生态文明思想的热潮，切实让各级党委、政府特别是领导干部提高政治站位、转变思想观念和发展理念，认清环境形势、增强责任意识，下大力解决河南省生态环境突出问题。

二是省委宣传部、省生态环境厅联合统筹，宣讲活动组织严密。时任河南省委常委、宣传部部长赵素萍亲自作出安排，提出要坚定政治方向，突出环境攻坚问题导向，切实与工作相结合，做实做好，不偏不虚。河南省生态环境厅召集讲师团成员、宣讲团联络员及其他保障人员召开协调会，就赴各市、县开展百场宣讲活动进行座谈沟通，王仲田厅长提出具体要求。河南省委宣传部、省生态环境厅联合印发了《河南省学习贯彻习近平生态文明思想百场宣讲活动实施方案》（豫环文〔2018〕159 号），对宣讲活动参加人员、活动方式、活动要求等作出具体安排，确保全省上下统一思想，全面展开。

三是宣讲团成员业务精，宣讲准备工作扎实充分。宣讲活动依托省委理论讲师团，从省高校、党校、社科联、生态环境厅等单位部门抽调政治强、业务精、宣讲经验丰富的领导干部和专家学者 12 人组成，提前组织调研学习，集中时间地点备课，宣讲准备工作做得扎实充分，在各地的宣讲中结合当地实际情况各有侧重地展开宣讲。习近平生态文明思想百场宣讲活动期间，正值中央第一环境保护督察组对河南省开展“回头看”之际，百场宣讲动员会邀请到中央第一环境保护督察组副组长、生态环境部副部长赵英民作首场示范宣讲。报告重点突出、深入浅出，既有深刻的理论阐述，又有生动的事例说明，全面系统地宣讲了习近平生态文明思想和全国生态环境保护大会精神，肯定了河南省生态环境保护工作取得的成绩，指出了存在的问题，也提供了很多方法，对于全省上下深入学习领会和准确把握习近平生态文明思想、推进生态文明建设、打好污染防治攻坚战，具有很强的指导性、针对性。

四是领导干部带头深入学习，骨干先进做好示范引领。百场宣讲活动以各级党政机关领导干部作为重点，省级动员大会和首场宣讲报告会参加的人员有现职的省级领导同志以及各省辖市、直管县（市）党委和政府主要领导同志、省委各部委主要负责同志，省纪委、监委领导班子成员，省委巡视组正厅级巡视专员，省直机关正厅级单位主要负责同志，省人大、省政协各工作（专门）委员会主要负责同志，中央驻豫正厅级单位主要负责同志，省管企业和省管本科高等院校主要负责同志，各县、市、区党委主要负责同志，省生态环境厅、郑州市生态环境局全体人员，《河南日报》报业集团、河南广播电视台所属媒体等 1000 余人参加。按照省委要求，市、县宣讲活动都参照省委首场宣讲的规格规模组织，分别由书记或市（县）长主持，市委、县委理论学习中心组带头参加。

五是媒体广泛参与，宣讲效果得以放大。宣讲活动期间，河南省委宣传部组织各级媒体积极参与宣传报道，河南省生态环境厅邀请省委宣传部新闻处、《人

▲ 省生态环境厅厅长王仲田与媒体、宣讲团座谈

民日报》河南分社、新华社河南分社等多家媒体及宣讲团成员召开交流座谈会，介绍赴各市、县开展百场宣讲活动情况，讲师团成员交流宣讲经验体会，与媒体记者充分交流互动。媒体参与宣传，把党委、政府的小讲堂变成了全社会的大讲堂，放大了宣讲的效果，激发了全社会学习习近平生态文明思想的热情。

四、取得的成效

宣讲活动坚持聚焦环境攻坚，着眼解决问题，达到了学懂、弄通、做实的预期效果，社会反响良好。通过宣讲，河南省各级党政领导干部提高了思想认识，增强了对习近平生态文明思想的理解，转变了发展观念，增加了责任压力，各级各部门对环境攻坚工作更加重视。不少市、县在组织宣讲活动之后，都立即召开不同形式的会议，对生态环境的短板再梳理、任务再明确、追责再严厉，对中央环保督察“回头看”工作组交办问题迅速整改。河南省环境质量持续改善，蓝天白云的优良天数多了，人民群众满意度不断提升，思想上认同，行动上自觉，身体力行参与环境保护及治理的积极性高涨。

宣讲活动开展后，中央媒体和省级媒体推送信息 100 余条，市、县两级广播电视、报刊、微信等平台共发布信息 600 余条，各大网站转发 2000 余次，在全社会营造了学习习近平生态文明思想的浓厚氛围。宣讲活动的做法被中宣部《每日要情》(第 1358 期)摘转，中央第一环境保护督察组对河南省开展“回头看”情况反馈时予以充分肯定，列入河南省“党的创新理论万场宣讲进基层”活动，被生态环境部主管的《环境保护》杂志评为“2018 年环境保护宣传教育品质之星”(案例篇)。

▲ 河南省生态环境厅副厅长王朝军在郑州市宣讲

五、经验启示

一是围绕中心，服务大局，引导全省上下学思用贯通、知信行统一，全力打好污染防治攻坚战。生态环境是关系党的使命宗旨的重大政治问题，也是关系民生的重大社会问题，广大人民群众热切期盼加快提高生态环境质量，而打好污染防治攻坚战时间紧、任务重、难度大，是一场大仗、硬仗、苦仗。在河南省委的统一领导下，河南省生态环境厅增强“四个意识”、坚定“四个自信”、做到“两个维护”，扎实做好百场宣讲活动的相关规划和安排，营造学习贯彻习近平生态文明思想的浓厚氛围，通过活动教育广大干部树立正确政绩观，坚决担负起生态文明建设的政治责任，把加强生态环境保护、打好污染防治攻坚战摆到突出位置，把生态文明建设重大任务、重大部署落到实处。

二是多方参与，统筹推进，在省委的高度重视下，多部门联合共同开展百场宣讲活动。这场全省大宣传、大教育活动，时间跨度长、涉及部门多、覆盖范围广，需要多方共同参与，合力推进开展。在省委的高度重视下，河南省生态环境厅联合省委宣传部共同印发了《河南省学习贯彻习近平生态文明思想百场宣讲活动实施方案》，作出相关安排部署；省委秘书长多次作出批示，亲自组织省委办公厅及相关部门召开专题会议研究部署宣讲工作；各市、县党委政府都把保障配合开展好宣讲活动作为党委的一项重大政治任务，成立相应的工作组专门负责宣讲活动的组织协调保障工作，合理安排时间，有力地保证了应当参加人员的全覆盖和宣讲活动的顺利进行。

三是贴近实际、精准宣传，努力增强学习宣传贯彻习近平生态文明思想的吸引力、感染力和针对性、实效性。宣讲团重质量、强效果，在深刻领会习近平生态文明思想的基础上，拓展宣讲内容的广度和深度，结合各地实际展开宣讲活动，

▲ 千余人参加首场宣讲报告会

更具针对性和指导性。宣讲团以习近平生态文明思想为主线，广泛宣讲党的十八大以来生态文明建设和生态环境保护工作取得的历史性成就、发生的历史性变革，广泛宣讲加强生态文明建设的重大意义、重要原则，广泛宣讲加强生态环境保护、打好污染防治攻坚战的重大部署、重要举措，广泛宣讲各地、各部门学习贯彻习近平生态文明思想的好经验、好做法，为坚决打好污染防治攻坚战营造良好舆论氛围。

六、结语

习近平生态文明思想基于历史、立足当下、面向全球、着眼未来，为生态文明建设锚定了历史方位、明确了政治保障、指明了前进方向、提供了行动指南，具有极为重大的政治意义、理论意义、历史意义、实践意义、世界意义。在习近平生态文明思想的科学指引下，党的十八大以来，全党全国推动绿色发展的自觉性和主动性显著增强，美丽中国建设迈出重大步伐，为全面建成小康社会增添了绿色底色和质量成色，为实现第二个百年奋斗目标、实现中华民族伟大复兴的中国梦奠定了坚实的绿色根基。如今，习近平总书记提出的“绿水青山就是金山银山”“生态兴则文明兴，生态衰则文明衰”“小康全面不全面，生态环境质量很关键”等深富内涵、极具韵味的经典论述，早已成为人民群众入脑入心、耳熟能详的“金句”，润物无声地融入了全民的日常生态观念和实践之中。

“十四五”时期，我国生态文明建设进入了以降碳为重点战略方向，推动减污降碳协同增效，促进经济社会发展全面绿色转型，实现生态环境质量改善由量变到质变的关键时期。深入学习宣传贯彻习近平生态文明思想是一项必须长期坚持的重要政治任务，对于全面准确地领会习近平生态文明思想，增强生态环境保护的思想自觉和行动自觉，对于引导全省上下学思用贯通、知信行统一，深入打好污染防治攻坚战，具有重要意义。今后，我们要不断增强学习宣传贯彻的政治自觉、思想自觉、行动自觉，勇做习近平生态文明思想的坚定信仰者、忠实践行者和不懈奋斗者，同时也要持续做好习近平生态文明思想学习宣传工作，创新形式，注重实效，推动习近平生态文明思想进一步深入人心，更好地把广大干部群众的思想和行动统一到党中央决策部署上来，形成全社会共同关心、支持和参与生态环境保护的强大合力。

河南省生态环境技术中心　辛林霞　李　真

5 生态环境宣传教育实践基地建设探索与实践

一、摘要

党的十八大以来，如何在全社会宣传贯彻习近平生态文明思想，是当代环保人的时代答题。广西壮族自治区（以下简称广西）深入贯彻落实习近平生态文明思想，各地呈现一大批生态优、环境美、人气旺的地方。在此基础上，广西创建了 124 个生态环境宣传教育实践基地。这是一个“花小钱做大事”的谋划，选择老百姓喜欢去的、生态环境优良的地方，把习近平生态文明思想的金句宣传到基地中，让老百姓走过、路过能看得见、记得住，潜移默化地把习近平生态文明思想宣传到人们的心中。

二、背景情况

（一）习近平生态文明思想的有力指引

2018 年 5 月，党中央正式提出习近平生态文明思想，成为新时代我国生态文明建设的根本遵循和行动指南，也成为生态环境保护事业的有力指引。习近平生态文明思想根植于中华优秀传统生态文化，深刻阐述人与自然和谐共生的内在规律和本质要求，系统阐释人与自然、保护与发展、环境与民生、国内与国际等关系，不仅为中华文明永续发展提供根本遵循，也为人类可持续发展贡献中国智慧和中国方案。

党的十八大以来，以习近平同志为核心的党中央在推进新时代中国特色社会主义伟大事业的历史征程中，以前所未有的力度抓生态文明建设，美丽中国建设迈出重大步伐，我国生态文明建设发生历史性、转折性、全局性变化，创造了举世瞩目的生态奇迹和绿色发展奇迹。

（二）“广西生态优势金不换”的殷殷嘱托

广西拥有丰富的自然资源和悠久的历史文化，旅游资源和人文资源非常丰富。2017 年 4 月和 2021 年 4 月，习近平总书记两次来到广西考察，他指出，广西生态优势金不换，要坚持把节约优先、保护优先、自然恢复作为基本方针，把人与自然和谐相处作为基本目标，使八桂大地青山常在、清水长流、空气常新，让良好生态环境成为人民生活质量的增长点、成为展现美丽形象的发力点，保护好广西的山山水水，是我们应该承担的历史责任。2022 年 4 月，广西壮族自治区党委十二届三次全会审议通过了《中国共产党广西壮族自治区委员会关于厚植生态环境优势推动绿色发展迈出新步伐的决定》，厚植生态环境优势，持续提升广西生态环境质量，让绿色成为新时代中国特色社会主义壮美广西的亮丽底色，让绿水青山成为八桂大地秀甲天下的亮丽名片。自治区生态环境厅紧跟党中央和自治区党委步伐，牢记习近平总书记的殷殷嘱托，谋划宣传习近平生态文明思想，于 2019 年年初决定利用优越的自然生态环境独创性地开展广西生态环境宣传教育实践基地（以下简称宣教实践基地）创建工作，力争将生态文明思想宣传和普及到每一个公民喜欢去的景点、乡村、保护区和意识中去。

三、主要做法

自2020年起，自治区生态环境厅面向全区开展宣教实践基地创建工作，选取环境优美、游客量较大、具有生态环境保护示范引领作用的旅游景区（景点）、美丽乡村建设示范村等，安装宣传牌，重点宣传“生态兴则文明兴 生态衰则文明衰”“坚持人与自然和谐共生”“绿水青山就是金山银山”“良好生态环境是最普惠的民生福祉”等10个习近平生态文明思想金句，取得了较好的成果。截至2022年，广西已打造124个集宣传教育、公众参与、志愿者服务、自然体验、咨询展示、研究实践等多功能于一体的宣教实践基地，类型涵盖生态类、乡村振兴类、生态修复类和工业企业类等。自此，习近平生态文明思想深深根植于八桂大地，成为建设新时代中国特色社会主义壮美广西的行动指南。

（一）立足生态优势，以小谋大顶层设计

自治区生态环境厅立足于本土优越的自然生态优势，推陈出新，在全国首创开展宣教实践基地创建工作，于2020年2月12日印发了《广西壮族自治区生态环境厅办公室关于开展生态环境宣传教育实践基地创建工作的通知》（桂环办函〔2020〕26号）。领导高度重视，加强顶层设计，积极谋划创建方案，多次听取汇报并召开工作推进协调会；成立生态环境宣传教育实践基地创建工作小组（以下简称创建工作小组），由广西壮族自治区环境保护宣传教育中心负责组织专家、部门负责人和各市生态环境局专员，对申报单位进行筛选、实地核查、综合考评等；委托第三方制作宣传牌并施工安装，创建工作小组安排专人加强管理，对每一块完成安装的宣传牌进行验收和拍摄存档。各市从地方实际出发，筛选组织环境优美、游客量较大、具有生态环境保护示范引领作用的风景名胜区、自然保护区、旅游休闲公园景点、环保公众开放场点、美丽乡村建设示范村、环保企业等单

位积极申报。截至 2022 年，全区共有 240 多个单位申报。

自治区生态环境厅千方百计筹措创建资金，据统计，创建工作开展以来，累计投入资金约 190 万元，创建了 124 个宣教实践基地。小投入，大影响，宣教实践基地构建了一个覆盖全区、深入基层、形式多样、效果显著的宣传网。

（二）扎根广大基层，细微见著狠抓落实

在开展创建工作的过程中，创建工作小组克服新冠疫情带来的困难和压力，狠抓落实，树立新的发展观、宣传观，克服创建工作中存在的意识薄弱、认识偏差等问题，与申报单位充分沟通交流，达成一致意见。

从宣传牌的设计到安装点位的选取，再到施工安装，均严格把关。首先是宣传牌的精美设计，高 2.4 米、宽 1.2 米，精选漓江、德天瀑布、三江风雨桥等 10 幅最具广西特色的风景照为背景图，双面印刷以利于最大化展示和宣传；形状有方形、圆形、花形等，融入中国剪纸的传统文化元素，形式多样、外观优美，使

▲ 习近平生态文明思想宣传牌之一

其充分与自然环境融为一体，相映成趣、相得益彰。安装点位的选取遵循人流量大、受众面广、视野开阔、间隔合理、融于环境等原则，并避开垃圾桶、厕所和易塌方等区域；精心布局，宣传牌三两成群、遥相呼应，使游客在参观游玩的过程中潜移默化地接受习近平生态文明思想和环境保护的宣传教育。施工安装采用水泥砂石硬化方式固定于地面，完工后最大化恢复植被原貌，注重保护自然环境。

（三）选树典型样板，以点带面广泛宣传

宣教实践基地类型涵盖了生态类、乡村振兴类、生态修复类和工业企业类等，各个类型的宣教实践基地均有典型案例，起到宣传模范作用。生态类宣教实践基地有 73 个，以南宁青秀山风景名胜旅游区为典型，青秀山风景区素有“城市绿肺”“绿城翡翠，壮乡凤凰”的美誉，是南宁市最亮丽的城市名片之一。习近平生态文明思想的宣传牌遍布整个景区，获得良好社会反响。

乡村振兴类宣教实践基地有 35 个，以全州县安和镇龙井生态旅游示范村和宾阳县水生态环境教育馆为例。龙井村依托红色文化和生态环境，发展生态休闲观光旅游。在村里，泉水流到哪里，哪里就有习近平生态文明思想的宣传牌。宾阳县水生态环境教育馆原是一个已废弃 20 多年的村小学教学点，经修缮后建成广西第一个县级水生态环境教育馆，名字意味深长——“沙江记忆”，以记录沙江那一段被严重污染的历史，让人们深切感悟到“绿水青山就是金山银山”理念的真谛。

生态修复类宣教实践基地有 3 个，以南宁市那考河湿地公园和隆安县七一公园为例。昔日的那考河是人人唯恐避之不及的臭水沟，经过生态综合整治蝶变为水畅河清、岸绿景美的湿地公园。那考河湿地公园从此成为宣传习近平生态文明思想的“网红公园”。隆安县七一公园位于震东社区点灯山，它曾是一座满目疮痍的废弃矿山，是当地群众的“心病”，经过生态修复综合治理蜕变为环境优美的休闲公园。现在的点灯山点亮了群众的“心灯”，习近平生态文明思想成为那盏最亮的思想明灯。

▲ 南宁市那考河湿地公园

工业企业类宣教实践基地有 13 个，以广西碧清源环保投资有限公司为典型，通过创建宣教实践基地宣传习近平生态文明思想，向公众展示前沿的生态环境治理科技。

此外，桂林龙脊梯田风景名胜区把生态环境志愿服务融于宣教实践基地，创建首个“广西生态环境志愿者生态驿站”，摆放环保书籍和环保宣传品，宣传习近平生态文明思想和环境科普知识。

桂林龙脊梯田风景名胜区建立首个“广西生态环境志愿者生态驿站”

各宣教实践基地利用自身生态环境特色和场所设施，开展形式多样的生态文明宣传教育活动。点连成线，线连成面，全区宣教实践基地紧密相连，汇聚成强大的宣传教育力量。

四、取得的成效

（一）宣教实践基地建设已成规模

宣教实践基地创建工作开展以来，各地景区（景点）和一批美丽乡村、新农村旅游示范点等踊跃参与。截至 2022 年，全区上报 240 多个有创建意愿的单位，124 个单位获命名，宣教实践基地在八桂大地星罗棋布，形成坚实而紧密的习近平生态文明思想宣传体系。据不完全统计，每年到宣教实践基地参观学习、接受教育的人数超过 500 万人次。宣教实践基地创建无论是数量还是影响力，都达到一定规模，宣传效果显著。

▲ 贵港市平南县北帝山景区获第一批广西生态环境宣传教育实践基地命名

（二）宣教实践基地创建自成体系

宣教实践基地类型涵盖了生态类、乡村振兴类等多个类型，其中第一批以生态类为重点创建 41 个，第二批以工业企业类为重点创建 31 个，第三批以乡村振兴类为重点创建 52 个。目前，全区共有生态优良、环境优美的生态类宣教实践基地 73 个，如广西崇左白头叶猴国家级自然保护区、北海滨海国家湿地公园、南宁青秀山风景名胜旅游区等，将生态环境保护与休闲游憩、旅游观光、科普科研等功能有机结合；乡村振兴类宣教实践基地35个，如全州县安和镇龙井生态旅游示范村、马山县小都百综合示范村和宾阳县古辣稻花香里旅游区等，体现“生态保护+生态旅游”助力乡村振兴的成效；生态修复类宣教实践基地3个，以南宁市那考河湿地公园、隆安县七一公园为代表的生态修复类宣教实践基地，以生态修复的成果宣传习近平生态文明思想；工业企业类宣教实践基地13个，如广西碧清源环保投资有限公司、华润电力（贺州）有限公司等，利用污染治理、节能减排等环境管理特色，向公众展示前沿的环境治理科技。

（三）宣教实践基地创建已树典型

2021年，《中国环境报》以《一地一特色　润物细无声——广西生态环境宣传教育实践基地每年参观学习人数超500万人次》《丰富教育资源　满足公众需求　南宁建成16家生态环境宣教基地》为题，多次报道广西生态环境宣传教育实践基地创建情况。宣教实践基地创建工作获生态环境部肯定，同年11月16日，在全国生态环境宣传教育工作会议上，广西以《积极创建生态环境宣传教育实践基地　宣传好习近平生态文明思想》为题作典型发言。

五、经验启示

宣教实践基地的创建是以习近平生态文明思想为指引、以生态环境保护工作为抓手，遵循尊重自然、顺应自然、保护自然、自愿申报的原则，目的在于宣传习近平生态文明思想，促进广西公众增强生态文明和生态环境保护意识，积极投身生态文明建设，在共建壮美广西的同时，成为生态文明建设中的重要参与者、贡献者和引领者。

习近平总书记强调，人在哪里，宣传思想工作就在哪里。到人多的地方、到老百姓喜欢去的地方宣传习近平生态文明思想，成为广西生态环境宣传教育工作的出发点和落脚点。宣教实践基地创建一方面在省、市、县各级建设了一批各具特色、形式多样的生态文明教育场馆；另一方面在全区广泛开展，让每一处景点都成为宣传阵地，形成坚实而紧密的习近平生态文明思想宣传体系。

经过三年不断地探索和实践，宣教实践基地创建形成了一整套完整的创建体系。同时，在总结和发现的基础上，2022 年将习近平生态文明思想宣传牌更新为更经久耐用的新型材料，确保创建工作持续稳步开展，生态文明思想宣传效果历久弥新。经过多方共同努力，广西生态环境宣传教育实践基地创建工作如火如荼，为广西打赢污染防治攻坚战提供了坚实保障。

六、结语

党的十八大以来，广西深入贯彻落实习近平生态文明思想，始终坚持“绿水青山就是金山银山”的发展理念，厚植生态环境优势，不断擦亮“山清水秀生态美”的金字招牌，走出了一条具有广西特色的绿色发展之路。广西生态环境宣传教育实践基地，把习近平生态文明思想的宣传教育融于自然环境，搬进湿地、搬上高山、搬向大海，延伸到广西的每一片山水，形成独具特色的宣传体系。下一步，广西将继续加大创建工作力度、深入挖掘，打造涵盖不同特色和教育功能的宣教实践基地，并指导现有基地充分发挥作用，以生态文明宣传教育凝聚更多社会力量。广西将以更高质量持续筑牢我国南方的生态安全屏障，在这一方拥有着甲天下山水的秀美之地，奋力绘就新时代八桂大地绿水青山壮美画卷。

广西壮族自治区生态环境厅　梁雅丽　张丽春

6 开展禁止生产销售使用一次性不可降解塑料制品宣传教育典型案例

一、摘要

为确保海南省全面禁止生产销售使用一次性不可降解塑料制品（以下简称禁塑）工作有序推进，省政府成立“海南省全面禁止生产销售使用一次性不可降解塑料制品工作领导小组”，内设禁塑专班宣传组，负责全面掌握全省禁塑宣传工作进展，制定禁塑新闻宣传和社会宣传工作方案，指导各成员单位开展禁塑宣传活动；组织媒体开展禁塑工作宣传活动，定期发布禁塑领域新闻，适时召开禁塑专题新闻发布会；指导媒体开展禁塑教育公益宣传。三年来，不断深化社会宣传引导，团结各方力量统筹部署，在禁塑宣传教育方面已取得阶段性成果。

二、背景情况

禁塑是海南省建设国家生态文明试验区的标志性项目。2018 年 4 月 11 日，《中共中央　国务院关于支持海南全面深化改革开放的指导意见》（中发〔2018〕12 号）明确提出：“全面禁止在海南生产、销售和使用一次性不可降解塑料袋、塑料餐具”。禁塑工作涉及面广，影响范围大，是一项长期的、系统性的工作，需要多个部门协同推进，其中宣传作为重要一环，发挥了极大作用。自 2019 年以来，海南省生态环境厅组织海南广播电视总台、海南日报、南海网等媒体机构，通过专题专栏、系列报道等形式，全方位、多平台持续宣传报道海南省禁塑工作实施进展，普及禁塑知识，引导广大群众积极参与禁塑行动，共同营造文明宜居生态生活环境，为海南省全面实施禁塑奠定良好的舆论基础。

三、主要做法

（一）加强组织领导，精心谋划部署

海南省政府成立“海南省全面禁止生产销售使用一次性不可降解塑料制品工作领导小组”，将禁塑宣传作为推进禁塑工作的一项重要手段，建立工作推动机制，内设禁塑专班宣传组，负责全面掌握全省禁塑宣传工作进展，制定禁塑宣传大纲和标识、新闻宣传和社会宣传工作方案，将禁塑宣传纳入禁塑日常工作内容，一同谋划、一同部署、一同落实。指导各市、县和成员单位开展禁塑宣传，各市、县根据要求相应成立了禁塑专班宣传小组，根据禁塑工作推进不同阶段，精心谋划宣传重点，制定针对性的宣传方案，例如，禁塑前期宣传以主要让社会群众知道什么是“禁塑”，为什么要“禁塑”，塑料制品当前给我们带来的危害是什么，让群众从意识上接受“禁塑”这一举措。接着根据禁塑工作进度及时进行宣传，主要让群众知道“禁塑”到底禁什么、怎么禁，群众自觉接受并主动参与禁塑。

（二）利用新闻发布会，引领禁塑宣传

根据禁塑宣传工作需要，为加强对各种新闻媒体的宏观管理，全面、及时、准确地宣传禁塑的政策，海南省生态环境厅深入群众、深入实际，积极引导禁塑社会热点，做好典型宣传，正确开展舆论监督，为禁塑工作营造良好舆论氛围，突出做好新闻发布，引领禁塑宣传工作。海南省禁塑宣传明确了新闻发布制度，由省“禁塑办”牵头，适时组织召开禁塑专题新闻发布会。一是结合每月工作调

度情况，及时掌握禁塑工作进度，根据禁塑工作进度和下一步所要推进的重点工作，确定新闻发布主题，安排好参与新闻发布的单位，做好新闻发布准备。二是积极筹备新闻发布会，按照新闻发布会流程，及时通知参与新闻发布的单位收集和准备新闻发布材料，“禁塑办”对新闻发布会的材料进行汇总整理，各禁塑专班宣传组根据“禁塑办”按新闻发布会准备的材料，拟制新闻发布会方案，并报禁塑工作领导小组审批，召开新闻发布会。三是充分发挥新闻发布会的引领宣传作用，为使新闻发布会达到宣传效果，提前组织对参与新闻发布会的单位召开一次新闻发布会碰头会，明确新闻发布会上需要发布的重点和注意事项，各参与单位根据要求进行充分准备。然后将新闻发布会方案通过主流媒体向社会发布，让广大媒体和群众知道并积极参与本次新闻发布会。召开新闻发布会后，海南省生态环境厅掌握社会的舆论和关注的重点问题，及时通过主流媒体再次发声，进一步扩大新闻发布会的影响力。

▲ 召开“禁塑”专题新闻发布会

（三）对接主流媒体，突出重点宣传

一是根据每年禁塑工作年度计划的重点工作，提前明确宣传重点，然后根据工作进度，主动与主流媒体对接，将重点宣传的工作和任务提前供给媒体，以便媒体组织开展行之有效的宣传活动。二是主动服务好主流媒体的宣传，为主流媒体提供方便的采访和采风渠道，按照媒体的采访要求，及时通知被采访单位和个人积极接受采访，为保障采访能反映实情，要求采访对象真实反映情况或安排人员亲自带队进行采访。三是充分发挥主流媒体宣传作用，针对阶段性重点工作宣传，召开媒体通气会，主动邀请主流媒体参与，以座谈会的形式集思广益，共同发力，强化宣传效果。四是主动采取媒体监督，安排或由主流媒体自主对省内禁塑工作进行暗访，并在省相关主流媒体开设曝光台，曝光反面典型和问题。三年来，围绕禁塑工作部署，禁塑地方法规、禁塑标准、禁塑名录的出台实施，禁塑替代品、禁塑执法、禁塑可追溯管理平台等禁塑重点工作的推进，组织《人民日报》、中央电视台、《光明日报》《海南日报》《中国环境报》等主流媒体，开展政策解读、深度报道和日常正面、反面工作宣传报道共600多篇（幅）次，为海南省禁塑工作营造良好氛围。

（四）发挥新媒体作用，扩大宣传效果

为扩大禁塑受众群体，加大新媒体的禁塑宣传力度。一是充分利用抖音、短视频、微信、微博等融媒体宣传方式开展网络线上宣传，广泛宣传禁塑相关政策规定，普及禁塑知识，以生动的故事情节和高还原度的生产、销售、生活场景，将禁塑政策、禁塑知识普及变得简单通俗易懂，提高禁塑工作在海南省人民群众中的知晓度、参与率、执行率。二是充分利用官方微信、微博等平台开设禁塑专栏，及时宣传和发布禁塑相关信息，并安排专人负责专栏运行，对微信、微博的留言和意见、建议进行梳理，并及时反馈对方，做好服务。三是做好舆论引导，对新

媒体禁塑宣传动态进行 24 小时的舆情监测，对发现新媒体禁塑网络舆情及时进行回复，做好正面宣传引导，防止负面禁塑网络舆情误导群众。四是丰富“禁塑”新媒体宣传产品。三年多来，先后制作《禁塑，一场不可避免的“战争”》《海南禁塑，没你不行》《美丽中国，我是行动者——禁塑公益宣传片》《禁塑时代，我要做街上最靓的仔》等禁塑公益宣传作品、新媒体原创作品以及主题宣传海报等宣传品近 12 部（件），成为海南省各地、各部门开展禁塑公众线上、线下宣传的重要公益宣传品和重要抓手。系列禁塑公益宣传片被生态环境部连续 3 年评选为全国优秀生态环境宣传作品。据不完全统计，系列禁塑公益宣传片在全省各市、县广播电视台的总播放量为近万余次，在全省各户外视频载体播放量为 30 多万余次，覆盖全省主要宣传载体。

▲ 2019 年六五环境日开展“禁塑”为主题的快闪活动

（五）开展宣传教育活动，普及社会宣传

为扩大社会宣传，扎实开展禁塑公众宣传教育活动。一是结合六五环境日、生物多样性日、低碳日、“美丽中国，我是行动者”等主题活动开展禁塑公益宣传，扩大宣传力度。二是广泛联合市县、各单位、开展主题电视“快闪”等多种形式的禁塑公众参与寓教于乐宣传教育活动。对接团委、妇联等组织，从省级到市县、乡镇、村和社区，充分发挥各级共青团组织和各级妇联的作用，将禁塑公众宣传教育落实到每家每户、每位民众。三是充分发挥社会志愿者作用，加强与海南省蓝丝带海洋保护协会等省内环保社团组织的交流、合作与指导，积极引导环保社团组织和个体志愿者开展禁塑公益活动，三年来，指导、协助省内环保社团开展禁塑公益活动 100 余场次。四是将禁塑宣传教育纳入“四进”活动和进基层活动。先后组织、指导禁塑宣传教育进园区、进企业、进社区、进校园、进农贸市场、进超市、进农村等活动 200 余场，近 10 万余人次参加，为海南省各市县、各单位、

▲ 2020 年 9 月联合海南航空启动全国首家执行禁塑的航线

各环保组织提供禁塑公众宣传模式和样板，促进海南省禁塑公众宣传教育工作的开展。

▲ 2020 年开展禁塑培训班暨青年公益组织环保交流会

四、取得的成效

一是全民参与禁塑的意识基本形成。通过禁塑宣传教育，全省广大民众了解到当前塑料制品所产生的危害和次生灾害，知道了禁塑的目的、意义，使其从开始的不理解和难以接受到当前的主动接受禁塑这一举措，自觉做禁塑的践行者。一部分群体从禁塑的实践者慢慢变成了禁塑的宣传者和监督者，全民参与禁塑的意识已基本形成。

二是一套禁塑先行示范制度趋于完善。作为全国禁塑的先行省份，通过几年的禁塑实践，海南省构建了一套禁塑法规制度体系，制定禁塑实施方案，成立禁塑工作领导小组系统推进禁塑工作，形成“法规 + 名录 + 标准 + 可追溯平台 + 替代品产业”全链条闭环禁塑制度体系；发布首部禁塑地方性法规，在全国率先发布实施《海南经济特区禁止一次性不可降解塑料制品规定》；实施“负面清单”管理，实施禁塑名录制度，动态调整禁止的塑料产品范围；颁布实施地方标准，制定《全生物降解塑料制品通用技术要求》地方标准，被国家标准委推广给全国禁（限）塑地区借鉴；建立替代品可追溯管理体系，搭建生物降解塑料制品可追溯管理信息平台，通过电子监管码实现全生物降解塑料制品检测、生产、销售、使用全流程可追溯，保障了禁塑替代品市场有序流通。

▲ 2020 年六五环境日设置一次性不可降解替代品展示专区

三是初步形成了一条降解塑料全链条产业。为落实禁塑工作，海南省重点抓好做好替代品保障，长远谋划降解塑料产业，制定海南省全生物降解塑料产业规划和全生物降解塑料产业若干扶持政策，引导本地企业转型和引进省外企业相结合，合理布局生物降解上、中、下游产业聚集地，保障生物降解塑料制品供给，为禁塑提供长期产业支撑。打通降解塑料产业链，引进全生物降解原材料项目，形成了生物降解基材、改性、制品完整产业链，增强行业竞争力。研发国际先进水平生物降解塑料，与中科院联合成立了降解塑料技术创新中心，探索土壤、淡水、海洋环境等多种先进生物降解塑料技术，积极储备新型降解塑料研发技术。

四是促进全民绿色生活方式的转变。结合禁塑的宣传教育，教育市民节约资源、减少污染、绿色消费、环保选购、重复使用、多次利用、分类回收、循环再生、保护自然、万物共存。倡导全体市民使用绿色产品，参与绿色志愿服务，引导民众树立绿色增长、共建共享的理念，使绿色消费、绿色出行、绿色居住成为人们自觉的行动，让人们在充分享受绿色发展所带来的便利和舒适的同时，履行好应尽的可持续发展的责任和义务，逐步促成广大民众按自然、环保、节俭、健康的方式生活。

五、经验启示

（一）必须把握好正确的宣传引导方向

通过开展新闻发布会、媒体见面会，牢牢把握好宣传的主方向，不让禁塑宣传走偏、走样。省内各级禁塑专班宣传小组能够起到统筹谋划作用，让禁塑工作按照既定的步骤宣传。同时安排专人负责禁塑宣传舆情的监测，收集禁塑宣传情况，对禁塑宣传上存在的偏差和误解，主动进行分析，提出解决方案，及时通过主流媒体发声，做好回应，化解矛盾。

（二）坚持围绕中心服务大局的工作原则

按照禁塑工作的计划，紧紧围绕推进禁塑工作开展宣传，切实让宣传成为推动禁塑工作的有力抓手。安排专人及时将禁塑阶段性工作的目标、任务、动态提供给媒体，让媒体围绕禁塑中心工作开展宣传。同时，充分发挥禁塑办的组织协调作用，对禁塑宣传所涉及的相关领域和部门，主动安排媒体与采访单位对接，提供便利的采访条件。通过主动服务，媒体能紧紧围绕禁塑中心工作开展宣传，达到所需效果。

（三）拥有敢于斗争克服困难的精神

宣传工作要充分发挥媒体的监督作用，主动安排主流媒体跟踪报道，在宣传采访中会受到一些客观因素的影响，或受到当事人的阻拦。针对这些困难和问题，能做到刀口向内，对推动禁塑工作不力的单位进行媒体曝光，督促其改进工作。对一些违法违规的行为，能克服困难，采取暗访等方式掌握第一手资料，进行主动曝光。对执法过程中发现的违法违规行为，同样对处罚情况主动公布，形成震慑作用，教育其他人员。

（四）始终坚持守正创新的宣传方式

结合每季度的禁塑宣传评估分析显示，新媒体宣传的成效相对比较显著。我们在利用主流媒体把握宣传方向的前提下，能与时俱进、守正创新，海南省各部门和各级组织将禁塑宣传纳入本系统融媒体中心，建立各媒体禁塑群，充分发挥新媒体的宣传作用，使得宣传效果有很大提升。

六、结语

为贯彻落实《中共中央　国务院关于支持海南全面深化改革开放的指导意见》中提出的要在海南省全面禁止生产、销售和使用一次性不可降解塑料袋、塑料餐具等塑料制品要求，海南省主动作为，精心谋划，高度重视禁塑宣传，将禁塑宣传作为推动禁塑工作的一项重要抓手。通过三年的禁塑宣传教育，群众从不了解禁塑到了解禁塑的目的和意义，从被动参与到主动接受，目前基本形成了广大民众自觉践行禁塑的良好局面。下一步，海南省将按禁塑工作的进度持续抓好禁塑宣传教育工作，进一步推动禁塑工作走深、走实。

海南省生态环境保护宣传教育培训中心　何维龙

7 “行走三秦大地　建设美丽陕西”系列主题采访活动

一、摘要

为全面贯彻落实党的十八大、十九大精神和习近平生态文明思想及习近平总书记来陕考察重要讲话、重要指示，牢固树立和践行“绿水青山就是金山银山”理念，深入推进陕西省生态环境保护社会行动体系建设，陕西省于2016年启动了“行走三秦大地　建设美丽陕西”系列主题采访活动。

“行走三秦大地　建设美丽陕西”系列主题采访活动用一场全民参与的行动，通过“网络大V+新媒体+传统媒体+环保志愿者”的形式，构筑了一个综合性的社会宣传团队，以下沉方式深入全省各市、县、乡、村进行多渠道、多角度、多维度的采访报道。

近年来，围绕打赢污染防治攻坚战、黄河流域生态环境高质量发展、秦岭生态保护、“十三五”生态环境治理成效、喜迎党的二十大等重大宣传事件，陕西省先后开展了“行走三江三河”（汉江、丹江、嘉陵江，渭河、延河、无定河）、“黄河流域生态环境保护”“献礼一百年　巡礼‘十三五’”“展现新成就　喜迎二十大”等主题宣传活动。行走系列活动微博话题总阅读量超3亿人次，互动超4万人次，央广新闻、《中国环境报》《陕西日报》陕西广播电视台等多家媒体报道

500 余篇，其中“行走三江三河”主题宣传活动入选 2019 年生态环境部公布的“美丽中国，我是行动者”主题实践活动十佳公众参与案例奖，并受邀参加当年六五环境日国家主场活动。

主题采访团从陕北到关中再到陕南，走过南水北调中线工程，看过黄河生态治理，感受到城市和农村生活的变化，一路用脚步丈量大地，用双眼阅读山河，用文字记录变迁，徐徐展开一幅美丽陕西的绿色画卷，为陕西省的生态环境保护和高质量发展营造了良好的社会氛围。

二、背景情况

（一）理论指导

1. 习近平生态文明思想和习近平总书记来陕考察重要讲话、重要指示

党的十八大报告中，生态文明建设被首次纳入中国特色社会主义总体布局，与经济建设、政治建设、文化建设、社会建设一起构成“五位一体”。

“生态环境是关系党的使命宗旨的重大政治问题，也是关系民生的重大社会问题。”2018 年 5 月，习近平总书记在全国生态环境保护大会上发表重要讲话，提出新时代推进生态文明建设的原则，强调要加快构建生态文明体系。这次大会总结并阐述了习近平生态文明思想。习近平生态文明思想正式确立，成为建设美丽中国的根本遵循和行动指南。

2020 年 4 月，习近平总书记来陕西省考察，对全省发展作出一系列重要指示、提出一系列明确要求，特别强调要深入贯彻“绿水青山就是金山银山”的理念，走出一条生态和经济协调发展、人与自然和谐共生之路；强调生态环境保护的极端重要性：生态文明建设是党的十八大以来党中央作出的最重要的决策之一，也是党的执政宗旨、执政纲领的重要组成部分，与中华民族永续发展息息相关，与

构建人类命运共同体息息相关，要呵护好我们赖以生存和发展的生态环境，为子孙后代计，为长远发展谋。这为我们做好生态环境保护各项重点工作指明了方向、提供了遵循。

2. 巩固树立和践行“绿水青山就是金山银山”的理念

习近平总书记在中国共产党第二十次全国代表大会上的报告中指出，尊重自然、顺应自然、保护自然，是全面建设社会主义现代化国家的内在要求。必须牢固树立和践行“绿水青山就是金山银山”的理念，站在人与自然和谐共生的高度谋划发展。长期以来，经济发展和生态环境被认为无法兼顾，要发展免不了要牺牲环境。党的十八大以来，在新发展理念指引下，我国坚定不移走生态优先、绿色低碳发展道路，着力推动经济社会发展全面绿色转型，既要发展，也要环境。党的二十大报告指出，要实施全面节约战略，发展绿色低碳产业，倡导绿色消费，统筹产业结构调整、污染治理、生态保护、应对气候变化，加快发展方式绿色转型。

3. 加快融合发展步伐，实现宣传效果的最大化和最优化

2019 年 1 月 25 日，习近平在中共中央政治局第十二次集体学习时强调，各级党委和政府要从政策、资金、人才等方面加大对媒体融合发展的支持力度。各级宣传管理部门要改革创新管理机制，配套落实政策措施，推动媒体融合朝着正确方向发展。这要求在实际的宣传工作中，需要加强传播手段和话语方式创新，让党的创新理论“飞入寻常百姓家”。要扎实抓好基层融媒体中心建设，更好引导群众、服务群众。只有这样，才能做到因势而谋、应势而动、顺势而为，加快推动媒体融合发展，使主流媒体具有强大传播力、引导力、影响力、公信力，形成网上网下同心圆，使全体人民在理想信念、价值理念、道德观念上紧紧团结在一起，让正能量更强劲、主旋律更高昂。

（二）陕西省生态环境保护宣传工作发展

在陕西省委、省政府的坚强领导下，全省上下聚焦推动生态环境质量持续好转的目标，扎实践行新发展理念，坚决打好污染防治攻坚战，着力解决突出生态环境问题，积极助力高质量发展，加快构建现代环境治理体系，不断强化和拓展生态环境保护工作的力度、广度、深度。陕西省内环境质量显著改善，生态文明制度体系日臻完善，重点区域生态品质持续提升，污染防治攻坚战成效显著，环境监管精准高效，服务绿色发展主动有为。

在生态环境保护宣传方面，陕西省通过加强环保全媒体平台建设，做好生态环境舆情监控、分析和趋势预报，强化主流媒体环境新闻宣传，建立健全强有力的生态环保宣传模式，为生态环境保护工作提供了有力的支持。

同时，陕西省作为生态资源和文化资源大省，拥有很高的媒体关注度，尤其在网络平台上是近年来的“网红”大省。如何将各种新媒体、自媒体进行良好的挖掘与串联，正确引导这些媒体单位关注陕西省生态环境保护事业，为生态环境保护事业发声，是本次活动重点关注的内容。

三、主要做法

（一）组织线下实地调研

活动自开展以来，根据不同主题多次邀请本省市媒体代表、微博大 V、文化学者、环保志愿者深入一线、深入基层进行采访调研。

2016—2019 年，陕西省以改善水环境质量为核心、以新媒体为主要传播手段开展了“行走三江三河　绿染三秦大地”系列宣传活动。活动邀请陕西文化学者、媒体记者、摄影达人、网络名人、环保志愿者组成团队，调研、走访陕西省境内的汉江、丹江、嘉陵江，渭河、延河、无定河（“三江三河”）的生态治理、流域治理及保护成效。每到一站，取一瓶水样、选一种绿色生态地方特产、拍一张（组）照片，旨在透过他们的文字、相机、摄像机全程记录行走过程，还原和发现真实的“三江三河”流域现状，以此唤起人们的环境保护意识，动员公众参与，凝聚社会合力，推动“三江三河”流域绿色发展之路。

▲ 2017 年行走汉江走近汉江源头活动

2020 年，围绕黄河流域生态环境保护，30 余位本省市媒体代表、微博大 V、文化学者，历时 300 多个小时，行程近万里，从黄河边一路走来，带领广大网友领略水清岸绿景美的自然生态之美，用一场全民参与的行动，观察生态环境今昔变化，展示沿线生态治理、经济社会发展的新成效、新经验，真实记录包括环境质量变化、环境政策、治理技术、治理手段的发展变化等。

2021 年，陕西省组织本省市媒体记者、网络自媒体大 V 以及环保志愿者以“献礼一百年 巡礼‘十三五’”为主题组成采访调研团，先后赴秦岭国家植物园和铜川市、宝鸡市、商洛市、咸阳市、汉中市的28个区县（市）、55个点位开展“献礼一百年 巡礼“十三五”——行走三秦大地 建设美丽陕西”主题采访调研活动。

▲ 2021年“行走三秦大地 建设美丽陕西”主题调研活动合影

▲ “行走三秦大地 建设美丽陕西”采访调研团在平利茶山调研合影

通过一系列走进生态环境机关、环境监测站、污水处理厂、环保先进企业、生态湿地公园、自然保护区、野生动植物保护基地等线下调研采访活动，听汇报、看成效、提问题，陕西生态环境改善创造的新亮点吸引着采访团的成员。

（二）集中统筹媒体资源，跨界合作，联合推广

在传统媒体发声的基础上，陕西省积极利用网络平台和新媒体资源，通过线上平台发力，联合多种传播途径，打造全方位立体式的发声通道，让本次活动获得更多的曝光量与关注度，牢牢把握住宣传主动权。

在新浪网开辟“行走三秦大地　建设美丽陕西”专题网页，及“行走三秦大地”微博话题。通过票选“你心中最美的调研线路”活动向公众展示陕西省生态环境保护和生态文明建设的历程、成就和经验。“行走三秦大地”微博话题量超 1.4 亿，“献礼一百年　巡礼‘十三五’”微博话题量超 8000 万，“黄河流域生态保护”“绿水青山就是金山银山实践陕西行”单个新浪微博话题量均超 2000 万。多次出现单条阅读量过百万人次的爆款信息，除即时的话题传播，陕西头条、群众新闻、人民网、凤凰陕西、新浪陕西、今日头条、搜狐新闻等新媒体均对活动做了实时报道。行走系列活动在充分发挥新媒体优势的基础上，充分发挥传统媒体在提供调查性新闻报道、解释性新闻报道等“后新闻”方面具有的后发优势，达到了最有效的宣传效果。中央广播电视总台、《中国环境报》《陕西日报》《西北信息报》、陕西广播电视台等传统媒体和本省权威媒体充分发挥资源优势和社会影响力，对活动进行了一轮深度报道。

（三）创新宣传形式，提高群众参与度

通过各种创新宣传形式的植入，本次活动极大地调动了各界新媒体、自媒体从业者的参与热情和广大群众的关注积极性，有效推动了活动的开展，在互联网上取得了良好的关注效应。

在活动最开始，就在新浪网开辟“行走三秦大地　建设美丽陕西”专题网页及“行走三秦大地”微博话题；通过票选“你心中最美的调研线路”活动调动广大群众对本次调研活动的参与度，同时也让之后的实地调研更加切合群众实际需要；邀请以山东新媒体人＠生态梦人为代表的沿黄兄弟省份著名新媒体人参与到活动中，通过外地人看陕西黄河流域治理成效，体验黄河优美的自然环境、浓郁的原生态气息，相互交流生态环保宣传推广经验；在宣传形式上，使用Vlog短视频、九宫格海报、“绿水青山就是金山银山”科普动漫、漫画长图、大咖直播说等不同宣传手法分层次多维度做传播，最终微博话题全网超亿人次、单个视频观看超百万人次。

四、取得的成效

（一）宣传数据迎来几何式增长

本次活动在宣传数据上有比较亮眼的表现，最初“行走渭河”（延河、无定河、汉江、丹江、嘉陵江）单个话题阅读量最多400万，到“黄河流域生态保护”3700万人次阅读，“献礼一百年　巡礼‘十三五’”微博话题阅读量达8857.1万，每一年行走系列宣传活动的传播数据屡创新高。由＠陕西生态环境　主持运营的行走系列相关话题累计阅读量突破3亿。

（二）实地考察为省内生态环境保护积累大量珍贵的一手资料

本次活动采用的是实地调研考察＋线上、线下宣传结合的方式。自2016年开始，活动深入秦岭山脉，走过黄河沿线，去过自然保护区，到过重污染排放企业，足迹遍布陕西省内各个角落，包括生态环境机关、环境监测站、污水处理厂、环保先进企业、生态湿地公园、自然保护区、野生动植物保护基地等各个环保相关单位，与当地群众和基层环保工作者面对面交流，积累了大量的一手环保信息资料，为环保宣传工作起到了极大的帮助作用。

2016 年行走渭河咸阳段调研现场

2017 年行走丹江了解农家乐污水处理设备

（三）打破媒体宣传壁垒，突破传统媒体宣传瓶颈

本次活动坚持主流媒体和网络媒体并行宣传的思路，在保证主流媒体强大传播力、引导力、影响力、公信力的前提下，积极引导和鼓励当地大V、外地大V、各类营销账号参与到活动的追踪报道上来。从成果上看，本次活动不仅在《中国环境报》《陕西日报》《陕西科技报》等传统纸媒上有大篇幅报道，同时在中国网、群众新闻网、西部决策网、起点新闻等超过30家知名网络平台上有相关报道，另外还有50余位中省市媒体代表、微博大V、文化学者等各行业的意见领袖参与到话题互动中，通过微博开机＋新浪新闻开机＋热搜话题＋信息流广告等方式实现了微博平台的流量覆盖，实现了推动各种媒介资源、生产要素有效整合，推动信息内容、技术应用、平台终端、人才队伍共享融通。

五、经验启示

（一）坚持实践出真知，做好实地调研工作是环境保护宣传推广工作的基础

生态环境保护宣传工作者只有亲身前往基层实地调研，才能对当地的生态环境情况有正确的认识，才能让自己掌握的信息更加真实可靠。进而加深对环境保护工作的认知，发现具体的实际问题，找出合理的生态环境保护宣传工作的方式方法。通过实地调研，可以直观看到生态环境保护工作中的各种成果以及问题，这样才能在以后的宣传推广工作中全面真实、丰富生动地进行报道。对于各类自媒体、新媒体工作者来说，全面了解情况，深入研究问题，能够有效避免偏听偏信、人云亦云，才能够更真实有效地开展生态环境保护宣传工作。

（二）宣传推广工作要掌握方式方法，要合理把握节奏

在过去的一些宣传推广工作中，也不乏一些有亮点的案例出现，但是都存在不能持续有效地对活动进行追踪报道，不能合理掌控推广节奏的情况，导致活动

后期反响乏力，没有产生长尾效应。因此，陕西省每年都会根据当年环保大事件策划活动主题，活动伊始就已制定完善的时间轴方案，通过大活动进行拆分，规划严格的时间节点和阶段性工作目标，利用媒体传播特性和网络媒体属性，通过有节奏的推广安排，实现层层递进的宣传热度，保证每次活动都能自始至终保持较高的关注度。

（三）从“堵”变“疏”，调动新媒体、自媒体单位的积极性

主流媒体与新媒体、自媒体从来不是对立关系，在生态环境保护宣传推广工作中，应该把握现代新闻传播规律和新兴媒体发展规律，强化互联网思维和一体化发展理念，推动各种媒介资源、生产要素有效整合，推动信息内容、技术应用、平台终端、人才队伍共享融通。要加强传播手段和话语方式创新，让党的创新理论“飞入寻常百姓家”。要扎实抓好县级融媒体中心建设，更好引导群众、服务群众。

本次活动的宣传推广工作切实做到了“放下身段”，主动和各类新媒体、自

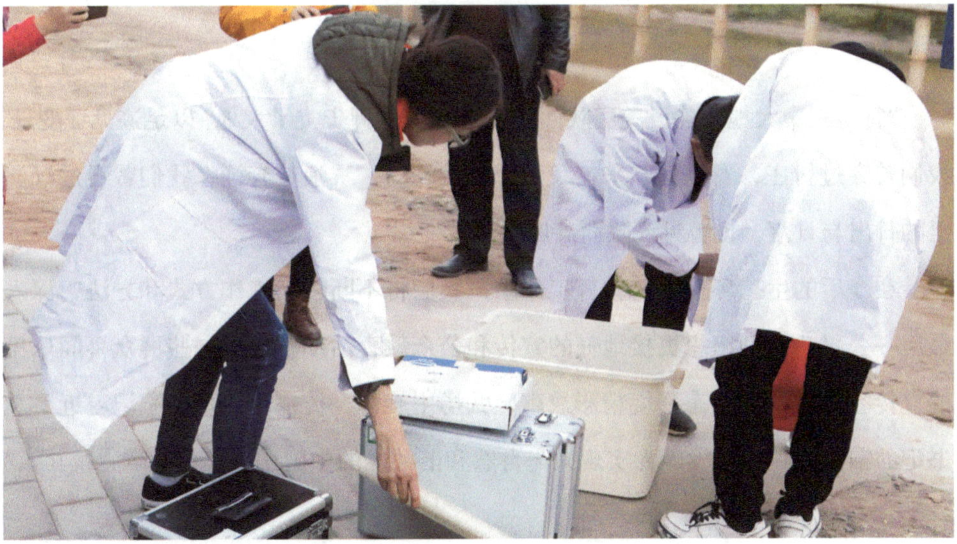

▲ 2020 年黄河行活动中对延河水质监测取样工作进行直播

媒体平台和个人展开活动，主动邀请各类“KOL（Key Opinion Leader）”加入实地调研和宣传推广的队伍，了解他们的所思所想，帮助和引导对方认识陕西省目前的生态环境发展和保护工作现状，鼓励对方积极发声，对生态环境保护工作各抒己见。同时通过现场直播、时事追踪报道的形式，打破了生态环境保护宣传工作和普通人民群众之间的信息壁垒，让更多的人能够参与到活动中，更好地起到群众监督的作用。

（四）充分使用多媒体宣传推广工具，让宣传工作更加生动高效

本次活动不再局限于原来的图文报道的形式，而是加入了Vlog短视频、九宫格海报、科普动漫、漫画长图、大咖直播说等不同宣传手法分层次、多维度做传播，通过各类创意元素的植入，不仅能够让宣传工作生动形象，还能够提升广大群众特别是年轻群体对生态环境保护工作的关注度，让更多的人参与到生态环境保护宣传工作中。

六、结语

“行走三秦大地　建设美丽陕西”系列活动以脚步丈量大地，以足迹见证变迁；我们曾穿过村庄，看燕雀归来；我们曾跨过江河，看浪花奔涌；我们曾看过汉江上的日出与日落，也曾见证陕西高原由“黄变绿”。

在今后的生态环境宣传教育工作中，我们将不断创新工作方式和方法，深入最后一公里，策划组织更接地气的宣传和公众教育活动，挖掘一些群众喜闻乐见的宣传教育模式和生态环境精彩故事，弘扬主旋律，传播正能量，牢记习近平总书记的嘱托，踔厉奋发，为实现人与自然和谐共生的中国式现代化贡献力量！

陕西省环境保护宣传教育中心　肖　颖　王　冰

8 活起来的“教科书”，立起来的“博物馆”
——让生态优先、绿色发展成为全社会的“生态信仰”

一、摘要

“十三五”期间，甘肃省张掖市坚持以习近平新时代中国特色社会主义思想为指导，全面贯彻落实党中央关于生态文明建设和生态环境保护的新部署、新要求，认真贯彻落实习近平总书记对甘肃省重要指示要求，全面落实全国生态环境宣传工作会议精神，紧紧围绕祁连山生态环境“由乱到治、大见成效”的主题主线，不断创新宣传机制，加大宣传力度，拓展宣传载体，逐步构建主题宣传为点、媒体宣传为线和社会宣传为面的“点线面”结合的立体化宣传格局，推动全社会形成了保护祁连山生态环境、传播生态文明理念、弘扬绿色生态文化浓厚氛围，让自然保护区生态环境问题整改的“教科书”更加图文并茂、鲜活生动，让“博物馆”更加立体多元、赏心悦目，为筑牢守好国家西部重要生态安全屏障凝聚起强大的思想合力和精神动力。

二、背景情况

祁连山是我国西部重要生态安全屏障，是黄河流域重要水源产流地，是我国生物多样性保护优先区域，在保护河西走廊生态稳定、维系区域生态平衡、促进甘肃省可持续发展、保障国家生态安全方面有着举足轻重的地位和不可替代的作用。近年来，张掖市委、市政府始终把生态环保作为"国之大者"、责之重者，把祁连山生态环境问题整改整治作为贯彻落实习近平生态文明思想和习近平总书记对甘肃省重要指示要求的重大政治任务和具体生动实践，坚定不移走生态优先、绿色发展之路，举全市之力、集全市之智开展祁连山生态环境问题整改整治攻坚行动，祁连山自然保护区（张掖段）179项生态环境问题全部完成整改，被生态环境部评价为自然保护区生态环境问题整改的"博物馆""教科书"，习近平总书记亲自"出题"、亲自"验收"，并给予了"由乱到治，大见成效"的高度评价。张掖市利用新媒体矩阵、祁连山生态环境问题整治纪实专题片、整改成效画册、主题摄影展、生态文明教育读本等形式，通过全方位、多角度、多元化的宣传，使祁连山生态环境问题整改整治历程成为在全社会宣传生态环境保护、传播生态

▲ 祁连山大野口秋景

文明理念的“教科书”；使祁连山生态环境问题整治前后形成的鲜明对比，成为反映自然保护区整改整治成效和典型经验做法的“博物馆”。

三、主要做法

张掖市以服务全市经济社会高质量发展为抓手，不断完善生态环境宣传教育的体制机制，全力构建大宣传工作格局，为扎实开展祁连山生态环境问题整改整治工作保驾护航，在全省率先制定出台了《张掖市环境保护宣传教育办法》，明确各级政府、各部门以及新闻媒体单位、企事业单位和各类场馆、景区、村级组织生态环境宣传教育的责任和义务，用制度的形式保障生态环境宣传扎实有效开展。市委、市政府与各县区委、政府和市直相关部门、单位签订环保目标责任书，将生态环境宣传工作纳入县区、部门考核责任书，进一步压实各县区、各部门单位对生态环境宣传的责任。对重大宣传活动，由市生态环境教育工作领导小组协

▲ 湿地公园健康跑

调市直各部门和县区共同参与，与张掖日报社、张掖电视台、中国张掖网等15家新闻媒体签署宣传合作协议，确保宣传效果最大化。

（一）采取多渠道宣传手段，编好祁连山生态环境宣传教育的“教科书”

充分发挥各级各类主流媒体“主阵地”作用，用好用活微信、微博等新媒体平台，不断丰富拓展社会和文艺类宣传活动，做到同频共振、统一发声，共同书写出一部生态环境保护宣传教育的“教科书”。**一是新闻宣传有声有色。**在张掖电视台和《张掖日报》永久开通“呵护绿水青山　推进绿色发展”“一屏四城五区”等专栏，在中央、省级环保督察期间重点开通“环保督察进行时”专栏，常态化报道祁连山生态环境问题整改整治取得的成效，以及各县区、各部门深入打好污染防治攻坚战、筑牢守好国家西部重要生态安全屏障的新思路新举措，曝光群众反映强烈的生态环境突出问题。先后开通生态环保类专题专栏10个，发布整改成效类音视频400多条，有力推动形成人人呵护绿水青山、个个关心生态环境的浓厚氛围。**二是媒体宣传同频共振。**通过邀请中央、省市媒体集中采访的形式，精心设计采访线路和采访点，围绕祁连山生态环境问题整治专题，全方位广角度地宣传张掖市生态环境保护、祁连山生态环境问题整治、打赢污染防治攻坚战等方面的进展和成效。近年来，共开展各级媒体集中采访活动18批650多人次，在市级及以上媒体发表各类生态环境宣传稿件800余篇，其中国家级报刊媒体100余篇，省级300余篇，市级400余篇。充分利用“双微”平台沟通便捷优势开展“指尖上的生态环境宣传”，及时推送环保工作进展和成效。“十三五”期间，微信公众号累计发布信息2000多条，关注人数达5万多人，微博发布信息1286条，实现生态环境宣传教育同广大群众的“零”距离接触、“微”距离交流。**三是社会宣传全员参与。**通过联合相关部门开展万人湿地徒步活动、举办“生态·环保·张掖”主题摄影展和“美丽张掖·彩虹城市”张掖市生态环保主题摄影大赛、开展环保道德讲堂、录制传唱《让中国更美丽》《环保人之歌》MV 等活动，以制作播放环保公益宣传片、召开新闻发布会，印制发放“生态·环保·张掖”画册等形式，广泛调动群众主动参与生态环境保护的积极性，张掖市人民的环保自觉意识明显增强，生态文化逐步形成。**四是文艺宣传引领风尚。**深入贯彻落实习近平总书记视察山丹马场时“让祁连山绿水青山常在，永远造福草原各族群众”的重要指示精神，积极创作生态视野下的主题电影《爱在夏日塔拉》《守山者》，以及《静静的湿地》《扁都口》《祁连山下》《天边的彩虹》等 10 余部纪录片，讲好张掖市生态环境保护故事，打造张掖市生态文化新名片，引导全市人民把绿色生态融入血液、注入灵魂。

（二）搭建多层次宣传平台，建好祁连山生态环境宣传教育的“博物馆”

利用全市 8 个大中小学思政课习近平生态文明思想教育基地、6 条研学路线和 4 个环保设施向公众开放单位，推动生态环境宣传的公开化、群众化和常态化。**一是建基地，把研学融入生态环境宣传教育。**通过在张掖湿地博物馆、张掖甘州区芦水湾以及各县区分别挂牌成立 8 个大中小学思政课习近平生态文明思想教育基地，并配套建设张掖城市森林公园、向公众开放的 4 处环保设施等 6 条研学路线，实行全天候免费开放，吸引游客、市民、中小学生接受生态环保知识教育。组织各级各类学校学生开展“践行两山理论　建设秀美张掖”研学实践、“开展第二课堂，增强保护湿地意识”科普展览、中小学生“环保手绘画卷”、参观湿地动植物标本、开展环保知识大型讲座等活动，累计参与人数达到 10 万多人次。2020 年临泽县现代丝路寒旱农业产业园区、肃南县裕固文化长廊旅游景区管理中心被团省委、省生态环境厅命名为“甘肃省青少年生态文明教育实践基地”。**二是搭平台，让科技助力生态环境宣传教育。**以高分专项甘肃中心为依托，以高分辨率对地观测系列卫星为核心，利用卫星遥感技术建设以“一库八网三平台”为主要内容的立体化生态环境监测网络。结合环保设施向公众开放活动，适时对来访群众展示平台运行流程，充分展现大数据、云计算、人工智能等技术在生态环境保护方面的巨大作用。张掖市生态环境监测网络管理平台获评生态环境部十大“智慧环保创新案例”，入选中组部“生态文明建设案例”，并获得国家版权局著作权登记证书。**三是做短片，用视觉直观呈现生态环境保护成效。**投入 42 万元拍摄动画片《共建生态文明金张掖 · 共享绿色美好新家园》1 部、《绿水青山就是金山银山》《筑牢国家西部重要生态安全屏障》《大美黑河》等环保公益宣传片 9 部，在市、县、区电视台和户外宣传屏进行滚动播放。

▲ 挂牌成立大中小学思政课习近平生态文明思想教育基地

组织中学生在习近平生态文明思想教育基地开展生态文明教学活动

（三）构建立体化宣传体系，形成祁连山生态环境宣传教育的多元格局

以提高群众环保常识知晓率为目标，打造全覆盖、立体化生态环境宣传教育体系。**一是进学校，促进生态文明理念从小扎根。**坚持“高规格、小规模、远传播、好效果”的宣传理念，在省生态环境厅宣传教育处和市委宣传部的指导帮助下，同教育部门共同编写《绿水青山金张掖》中学生生态文明教育读本，在全市中小学校、幼儿园开展“校园环保文化建设”“我是环保小卫士”“环保绘画竞赛”“节约纸张、植绿护花、美化校园”等主题宣传活动，组织中小学生开展“关爱湿地，人人有责”“热爱家乡，走进湿地”“亲近湿地，保护我们的碧水蓝天”等环保科普教育，不断激发广大师生参与生态环境保护工作的热情。全市中小学校和幼儿园先后开展生态环境教育活动1450余次，生态环境教育进课堂率达到

80% 以上。**二是进社区，推动生态文明理念群众认同。**确定 4 个环保设施开放单位，并常态化开展向公众开放活动，不定期组织人大代表、政协委员、社区群众集中参观环保设施，让社会公众直接现场体验环保监测、污水、医废处置流程等，使市民通过近距离接触环保设施，引导社会各界积极参与生态环境保护工作。编写《张掖市公民生态环境科普读本》，在全市开展“绿色示范社区”创建、“社区环保文化建设”、环保家庭评选等活动，不断激发各社区居委会和广大群众参与生态环境宣传教育工作的热情。全市共评选表彰“环保家庭”1205 户，占全市社区总户数的 20% 以上，在社区设置废旧电池回收箱 180 个，设置环保宣传牌 523 块。**三是进机关，实现生态文明理念成为共识。**编写《祁连山生态环境问题整改整治典型案例》读本，将生态文明建设与生态环境保护列入全市专题培训，举办各类生态环保类专题培训班 46 期，培训干部 11589 人次。各责任单位结合实际，按年度有序开展环保法律、环境监察、环境监测等各类环保教育培训 100 余场次，

▲ 开展环保设施向公众开放活动

培训人员上万人，有力地推动生态文明理念的传播和实践。大力宣传提倡绿色出行，减少资源消耗，树立绿色环保理念，切实提高干部职工环保素养和低碳意识，引导全社会树立勤俭节约、节能低碳绿色生活理念。

四、取得的成效

近年来，张掖市紧紧围绕深入宣传习近平生态文明思想这一核心任务，守正创新、担当作为，不断改进宣传方式方法，全面加强各项工作，促进全社会生态文明意识显著提升，生态环境宣传教育由生态环境部门唱“独角戏”的局面得到根本扭转，为推动生态文明建设和生态环境保护事业发展提供了坚强思想保证和强大精神力量。2019 年，张掖市被命名为全国生态文明建设示范市。

五、经验启示

生态环境宣教工作是贯彻落实习近平生态文明思想、深入打好污染防治攻坚战的前沿阵地和重要支撑，是生态环境保护事业的重要组成部分。**一是先进理论指导是确保生态环境宣传教育方向不偏的“指南针”。**习近平生态文明思想是新时代生态文明建设的根本遵循和行动指南。要充分把握新时代生态环境宣传教育的工作核心和主要目标，宣传贯彻落实好习近平生态文明思想，引导全社会牢固树立“绿水青山就是金山银山”的理念，自觉践行绿色生产生活方式，推进美丽中国建设。**二是各级领导重视是推动生态环境宣传教育的“定星盘”。**各级、各部门领导，特别是“一把手”重视生态环境宣传教育工作，才能为生态环境宣传教育提供坚实的资源保障、有力的人才支撑和强大的工作动力。**三是公众参与是做好生态环境宣传教育的“动力源”。**要聚焦举旗帜、聚民心、育新人、兴文化、展形象的使命任务，用好生态环境宣传教育的“教科书”和“博物馆”，鼓励、引导、支持公众参与生态环境保护工作，把宣传教育工作融入深入打好污染防治攻坚战的主责主业，为实现生态环境高水平保护提供磅礴的精神动力和强有力的道德支撑。**四是守正创新是实现生态环境宣传教育高质量发展的“根”和“魂”。**要表达和传播好生态价值理念，激发凝聚各界共识，不断创新丰富生态环境宣传教育的载体形式，深入挖掘宣传资源，持续扩大宣传覆盖范围，以群众乐于接受的方式、易于理解的语言和主动参与的自觉，切实增强生态环境宣传教育的影响力和感召力。

六、结语

党的二十大擘画了中国式现代化的宏伟蓝图，对“推动绿色发展，促进人与自然和谐共生”作出战略部署。良好的生态环境是张掖市的底色和本色，是对全国、全省大局的最大贡献。活起来的“教科书”、立起来的“博物馆”是张掖市人民用教训换来的生态环境自我警醒，是张掖市人民尊重自然、保护生态的历史见证，也是张掖市人民在践行习近平生态文明思想过程中培育的生态文化。下一步，张掖市将认真学习贯彻党的二十大精神，坚持以习近平生态文明思想为指导，踔厉奋发、勇毅前行，不断提高全社会生态文明素养，让生态优先、绿色发展、低碳生活的理念成为全社会发自内心的“生态信仰”和“环保自觉”，在新时代新征程上，奋力开创生态环境宣教工作新局面，不断书写无愧于时代的精彩篇章。

甘肃省张掖市生态环境局　张　飞　赵　全

第三章 新媒体宣传

1 “长江大保护，绿色共成长”行动计划

一、摘要

2019 年，江苏省生态环境厅联合省委宣传部、省教育厅、共青团江苏省委等单位开展为期 12 年的以“长江大保护，绿色共成长”为主题的青少年生态环境宣传教育实践活动。活动挑选一批“长江大保护小使者”，连续 12 年每年跟踪记录长江水质及周围环境变化，跟踪记录“长江大保护小使者”12 年的成长，两组数据互相比照展示“青少年与长江绿色共成长”的历程，打造江苏生态环境宣传的特色品牌活动和生态文化产品。活动开展以来获得社会广泛认可，线上参与人数超过 42 万，活动直播和相关稿件总浏览量超过 1 亿。线下拓展形式开展了“万名长江大保护小使者长江行”“我家住在扬子江——‘长江行’生态保护全民计划”等公众广泛参与的生态环境科普宣传活动，打造了“长江大保护，绿色共成长”“长江行”等省内知名 IP，从岸线治理、水源地保护、生物多样性保护成效等方面向公众进行了广泛科普。

二、背景情况

2016 年《长江经济带发展规划纲要》发布，强调“长江经济带发展的战略定

位必须坚持生态优先、绿色发展，共抓大保护、不搞大开发”。习近平总书记在推动长江经济带发展座谈会上强调，推动长江经济带发展必须从中华民族长远利益考虑，把修复长江生态环境摆在压倒性位置，共抓大保护、不搞大开发。为认真贯彻习近平生态文明思想，落实长江经济带“共抓大保护、不搞大开发”战略要求，江苏省把长江生态保护修复工作摆在压倒性位置，坚持追根溯源、标本兼治、系统推进，大力开展长江生态环境污染治理工程。

长江大保护离不开人民的支持、群众的参与。为了从历史传承、现实发展、未来成长等方面解读长江大保护的重大意义，江苏省生态环境厅、省委宣传部、省文明办、省教育厅、共青团江苏省委、省妇联、新华报业传媒集团、江苏省广

特别报道

长江大保护 绿色共成长 行动计划大事记

开主题班会、看候鸟巢穴、听川江号子、画江岸美景、对话江口守门员、带“江豚瓶”采样，走进校园阳光房做一次实验，“长江大保护 绿色共成长”行动计划开展系列特色活动

为了12年的约定，沿着长江出发！

一群候鸟，安家60公里“第一湾”

一声川江号子，唱出三千多年变迁

一位“江口守门员”，52年的见证和参与

一只“江豚瓶”，将盛满成长故事

一座阳光房，44厘米的校园实验

共同托起“绿色浪花”

▲ 2019年12月11日，《新华日报》两个版面报道“长江大保护，绿色共成长”活动

播电视集团等共同主办，江苏省环境保护宣传教育中心、江苏省环境科学研究院、交汇点新闻共同承办“长江大保护，绿色共成长”行动计划，通过持续12年的各项活动向社会广泛传播长江大保护的绿色发展理念。

三、主要做法

（一）12年长效规划，8市同步采样记录

行动计划从2019年6月至2030年6月，持续12年，主要形式为在全省沿长江的8个设区市征集近百名“长江大保护小使者”，聘请省生态环境领域相关专家作为活动顾问及辅导员，每年在六五环境日期间，8个设区市的“长江大保护小使者”在固定地点同步开展大气、水、土壤采样及生态环境科普学习活动，同时记录小使者们的身高、体重等生理指标以及环保行为足迹。

▲ 2021年6月1日，在南京五马渡码头参加采样的小使者和专家

活动对标《中国落实2030年可持续发展议程国别方案》，确定了自2019年到2030年的活动时间线，通过12年的持续跟进，建立“成长”社群，让参与这项活动的孩子从6岁到18岁伴随长江相融相生、同泽同行。连续12年不间断地进行纪实性记录，反映出长江生态环境质量的改善过程和孩子的绿色成长过程。同时，制作“绿色成长手册”，引导孩子、家庭、学校、社会形成可持续生活方式，

见证江苏省以生态优先、绿色发展为导向的高质量发展之路。

（二）不断拓展活动外延，丰富活动内涵

“长江大保护，绿色共成长”行动计划每年在固定活动的基础上，不断开发系列线上、线下活动，挖掘长江大保护的宣传教育形式，拓展活动外延，打造知名 IP，以点带面提升宣传教育效果。

2019 年组织“长江大保护小使者”代表由南京出发先后到重庆、武汉、宜宾、上海，共唱《长江之歌》，共绘长江之美，共诵长江诗词，传承长江文化，吸引更多的中小学生和家庭参与进来一起互动。活动中招募的线下“长江大保护小使者”逾 400 名，行动计划的参与者覆盖江苏、四川、重庆、湖北、上海等多个省（市），线上参与活动人数超过 42 万。

▲ 2019 年“长江大保护，绿色共成长”行动计划沿江行，江苏省长江大保护小使者与四川省宜宾市长江大保护小使者在万里长江第一湾交换水样和土壤样本

2020 年伊始，“长江大保护，绿色共成长”行动计划推出栏目“古韵新声话长江”。栏目每周推出一期，根据每周的新闻热点或重大时间节点，选择不同的主题，邀请社会各界人士，结合自己的工作、生活实际畅谈“长江大保护”，再由“长江大保护小使者”朗诵一首与当期采访主题相关的长江诗词，每一期的内容由视频、图文、音频和 GIF 动画结合呈现。文稿中既有“长江大保护”的新理念、新思路、新举措、新成果，又有温情的人文历史故事等。栏目自 2020 年 1 月 4 日刊发第一篇稿件以来共生产稿件 150 篇，邀请嘉宾 157 人，包括中国生态文明研究与促进会监事长杨明森，中华诗词学会副会长、中华诗词杂志社副主编林峰，江苏长江经济带研究院院长成长春，南京大学文化与自然遗产研究所所长、南京大学历史学院教授、博士生导师及全国政协委员、国家文化公园专家委员会

▲ 2021 年 11 月 29 日，著名作家祁智与沿江八市长江大保护小使者云朗诵长江诗词

委员贺云翱，江苏省作家协会副主席、著名作家祁智，著名作家黄蓓佳，自媒体人、作家六神磊磊，日本导演竹内亮等都受邀参与过栏目。嘉宾中年龄最大的 91 岁，最小的是“00 后”，参与朗诵的“长江大保护小使者”逾百人，参与面覆盖长江沿线多个城市。

2021 年 10 月 29 日，时任江苏省委书记吴政隆在新华报业传媒集团亲手启动了“万名长江大保护小使者‘长江行’”活动。随后，交汇点新闻客户端“长江行”频道上线。11 月 29 日，首场线上活动“百问百答”官网上线，一百多道与长江有关的问题吸引了小使者和广大网友的积极参与。2021 年 12 月 18 日，首场“万名长江大保护小使者‘长江行’”线下活动“乐跑长江行”在“南京眼”热力开跑，长江大保护小使者家庭与 300 多名跑友共同参与。2022 年 4 月 23 日，“万名长江大保护小使者‘长江行’”线下活动“世界地球日 e 起长江行——万名长江大保护小使者‘长江行’”活动在南京市五马渡广场举行。

2022 年 4 月 23 日，在南京市五马渡码头开展“万名长江大保护小使者‘长江行’”沿江亲子跑活动

2022 年 9 月 1 日在南京市凤凰花园城小学举行“开学第一课——我身边的生态文明”生态文明教育活动。活动中，由省生态环境厅的宣传教育工作者向小学生们讲述长江大保护的那些事，回顾“长江大保护小使者”们 4 次采样活动的精彩瞬间。活动当天通过中央广播电视总台央视频直播，央视晚间新闻当晚播出。

（三）结合生态热点，引发公众共鸣

“推动绿色发展，促进人与自然和谐共生”作为党的二十大报告中的重要一章，习近平总书记做了专门强调，为今后的生态环境保护指明了方向。2022 年 10 月 23 日，我们策划开展以生物多样性保护为主题的“我家住在扬子江——‘长江行’生态保护全民计划”活动。其中的“长江行生态保护融媒体行动”更是通过开展系列科考、沿江观测、专家采访等活动，向公众展示江苏的“生态家底”，进一步扩大前期“长江大保护，绿色共成长”行动计划的影响力，反映江苏生态保护的重大成果。通过国家环境保护长江中下游水生态健康重点实验室、长江江豚科教中心等的参观宣传，“长江大保护小使者”们更加了解身边的生物多样性。12 月 13 日在加拿大蒙特利尔市，《生物多样性公约》第十五次缔约方大会第二阶段会议 COP15 中国角举办了“江苏日”活动，向全球展示“微笑天使”江豚在长江江苏段逐浪嬉戏，“鸟中国宝”东方白鹳在江苏无锡等地“成群做客”，“昆虫界国宝”中华虎凤蝶在江苏南京“翩翩起舞”，“活化石”松叶蕨在太湖生态岛“快乐生长”，蓝天白云成为常态，绿水青山触目可及的美丽江苏画卷。“长江行生态保护融媒体行动”开展了相关宣传，小使者们更加了解身边生物多样性保护的工作成效，让自豪感成为守护生态的推动力。

（四）强化活动宣传，扩大活动影响

自“长江大保护，绿色共成长”行动计划筹备以来，省环保宣教中心联合省内新闻单位构建矩阵式传播系统，从生态环境系统专业媒体平台到省（市）“报、端、网、微”，对接央媒和头部商业平台分发推广。新闻客户端发布多篇活动视频和图文稿件，同时在全网多家媒体平台传播，包括新华报业网、学习强国、《人民日报》客户端人民号、新华网、央视频、新浪、头条、百度、抖音等央媒、头部商业平台和社交媒体同步进行。截至目前，活动直播和相关稿件总浏览量过亿，极具品牌效应。

2019 年，启动仪式当天全程直播，新华报业集团全媒体转载，同时在全网多家媒体平台传播。《相约 12 年！江苏启动“长江大保护，绿色共成长”行动计划》一稿，被江苏省网信系统在全省媒体推送，当天的直播、视频、图文稿件全网点击量超过 1560 万。2021 年 6 月 1 日的沿江八市同步采样活动中，除了采集样本以外，还增加了长江游轮上的互动活动。活动直播在新华网、央视频、新浪、头条、百度、抖音等央媒、头部商业平台和社交媒体同步进行，全网浏览量超过 3700 万。2022 年的线下活动“开学第一课——我身边的生态文明”结合开学时间点，受到广泛关注，通过央视频直播，多平台浏览量超过 1692 万。

四、取得的成效

“长江大保护，绿色共成长”行动计划开展以来，精心开发制作一系列易于传播的新闻文化产品，其中 H5 互动产品《6397 公里的守护》荣获第三十届中国新闻奖新媒体创意互动一等奖，开创了江苏新闻界的先河。2019 年，“长江大保护，绿色共成长”行动计划获得生态环境部“2019 环境保护宣传教育品质之星”称号，2020 年该行动计划入选“美丽中国，我是行动者”2020 年十佳公众参与案例。2021 年，“古韵新声话长江”栏目入选中国报业深度融合发展创新案例。

同时，活动受到了各级领导的关注和好评。2021 年 10 月 29 日，时任江苏省委书记吴政隆在新华报业传媒集团亲手启动了“万名长江大保护小使者‘长江行’”

活动；2020 年 12 月 8 日，江苏省委常委、宣传部部长张爱军来新华报业传媒集团考察调研时，特地询问了“古韵新声话长江”栏目的相关情况，并亲手点击打开稿件浏览；2020 年 11 月 8 日，在由生态环境部宣传教育司和江苏省生态环境厅指导，《环境保护》杂志社、江苏省环境保护宣传教育中心主办的“诗 e 中国行”美丽江苏生态环境采风活动启动仪式上，时任生态环境部宣传教育司副司长杨小玲在江豚瓶上签名，并表示，要作出江苏示范样本，争取在全国和长江沿线地区进行广泛推广。

五、经验启示

一是活动策划做到“三结合”，即结合重点工作、结合群众需求、结合长远目标。“长江大保护，绿色共成长”行动计划是认真贯彻落实习近平生态文明思想，落实长江经济带“共抓大保护、不搞大开发”战略要求，在江苏省把长江生态保护修复工作摆在压倒性位置的情况下策划开展的，与国家、省（市）生态环境保护

▲ 2022 年 6 月 5 日，南通市实验小学的 10 名长江小使者们第 4 次参加采样活动

重点工作相结合，因此在很长一段时期内都能与生态环境保护工作高度契合。同时也充分考虑广大中小学生社会实践需求，采取学生自己动手采样记录的形式，引导广大学校和学生的深度参与。活动策划对标《中国落实 2030 年可持续发展议程国别方案》，以 12 年的活动推出一部具有国际视野的纪录片，申报一项联合国的生态环境公益奖，建设一批“长江大保护小使者成长校园”。

二是坚持按标准执行，强化数据记录。活动自 2019 年 6 月 1 日开展以来，连续 4 年开展现场采样活动，已经形成了一套有序的工作模式。全省生态环境宣传教育和环境监测工作人员密切配合，每年安排业务能力强、亲和力强的环境教育、环境监测专家指导学生采样，向学生们普及生态环保知识，准确分析环境数据并进行记录。通过精确的数据记录形成一套完备的数据资料，用数据来展示 12 年来孩子与长江生态环境共成长的历程。

▲ 2021 年 6 月 1 日，“长江大保护小使者”登上南京第一艘滨江游轮“长江传奇”上了一堂生动环保课

三是持续策划延伸活动，以点带面扩大宣传效果。除了固定的“长江大保护小使者”采样活动，3 年多以来策划及拓展了一系列相关线上、线下活动，极大地拓展活动外延，丰富活动内涵。在每场活动前均做好宣传计划，以线上征集、线上多渠道直播、图文视频产品生产及投放等多种形式以点带面放大活动宣传效果，让公众了解活动，知晓长江大保护的重要意义。

六、结语

长江大保护，我们在行动！3 年多来，江苏省沿江 8 市的“长江大保护小使者”在生态环境专家们的指导下，一次又一次来到长江边，亲身感受长江环境的变化。在接下来的 8 年时间里，江苏省还将继续贯彻落实“共抓大保护、不搞大开发”战略要求，鼓励公众参与，坚持做好该项活动，并结合生态环境重点工作不断挖掘活动内涵，拓展活动外延，通过丰富的知识科普、宣传互动、文化传承等内容，宣传推介长江大保护的生动实践，进一步凝聚全社会参与“长江大保护”的共同意志，提升社会各界对长江的守护和关爱之情。

我们坚信，“长江大保护”的生态环保理念，今日播撒在孩子们的心田里，将来就会生根发芽，变成参天大树，铸就明日的环保主力军。

江苏省生态环境厅　刘　萍　王青颖

2 政务微信建设探索与实践
——“江西环境”公众号如何耕耘好自己的“一亩三分地”

一、摘要

新媒体的迅猛发展改变了依靠传统媒体发声的舆论环境。在新的传播语境下，政务微信已经成为政府联系群众最直接、最便利、最快速的载体。如何有效利用政务微信，是考验政府部门能力素质的一项重要指标。政务微信运用得当，就能够使舆论成为民意反映的“晴雨表”、社会发展的“助推器”、道德培育的“指向标”，让党和政府的好声音传播开来、正能量弘扬出去。

当前，政务微信已全面进入政府部门，在社会管理创新、政府信息公开、倾听民众呼声等方面起到了积极的作用。政务微信为生态环境各项工作如期实现营造了积极的舆论环境，是环保人的另一个“战场”。

二、背景情况

2019 年以来，“江西环境”微信公众号（以下简称“江西环境”）充分发挥政务微信优势，通过明目标、建机制，强策划、优内容，严把关、拓功能，全面提升“江西环境”运营水平，其传播力、引导力、影响力、公信力均有了显著提升，

▲ 河滩鹭影

得到江西省生态环境厅领导、本系统和广大网民的充分肯定。

政务微信即各类政府机构注册的官方微信公众平台，是政府进行信息公开、网络问政、实施社会综合治理的移动新媒体平台。政务微信利用文字、图片、视频等传播形式，发布政务性、事务性信息，为公众提供互动交流、在线办事等信息服务，具有更新迅速、灵活便捷、发布权威、互动私密的显著特征。“江西环境”由江西省生态环境厅主管、厅宣传教育与对外合作处运营，于 2017 年上线运行。上线以来，“江西环境”凭借权威及时的政务信息和实用贴心的便民服务得到用户的认可和欢迎。

特别是 2020 年以来，短短两年多时间，粉丝量从几千增加到 20 多万，单条新闻阅读量从几百增加到 10 万 +。在 2020 年生态环境部首次对全国生态系统“双微”考核中，“江西环境”年终排名进入全国前 3。

▲ 庐山西海

三、主要做法

（一）明目标、建机制，锚定实施路径

找准定位，搭建优秀运营团队。“江西环境”作为江西省生态环境厅官方微信公众号，是我省生态文明建设对外形象的一扇重要窗口。江西省生态环境厅党组高度重视新媒体工作，率先示范。时任省生态环境厅徐延彬厅长亲自部署、高位推动，确定了打造“江西推动生态领域治理体系和治理能力现代化对外形象的展示窗口、权威信息的发布窗口、政务服务的便捷窗口”的目标定位和“塑形象、重原创、增互动、强纵深”的实施路径。

江西省生态环境厅党组大力支持“江西环境”运营工作。2019 年面向全社会公开招聘 3 名编外工作人员，实施专业技术人员“造血”工程，吸引招纳一批政治思想觉悟高、专业技术强、新媒体宣传“老手”，组建新媒体部，负责微信公众号的日常运营更新。团队成员5人中既有十多年新媒体经验的老编辑，又有刚出校门的“小萌新”。“江西环境”微信编辑部坚持以老带新、相互学习，保证了“江西环境”的高效运作。同时，按照“不唯阅读量、鼓励原创报道”的原则制定了用稿细则，鼓励厅各处室、直属单位和地市积极为“江西环境”供稿；建立完善“选题策划”“三审三校”“项目推进”“跨部门联动”等多项运营机制，为“江西环境”的高起点、高质量运行奠定了坚实基础。

发挥自身优势，建立矩阵机制。经江西省生态环境厅协调，新媒体部充分发挥与市县联系紧密的优势，与地方生态环境部门建立省、市、县三级联动新媒体矩阵，共同发声；建立跨地市协调联动机制和重大突发事件快速反应机制。凡是重大政策、突发事件和热搜舆情的发布，各地各单位须与“江西环境”同频共振，打造“第一时间发布，看‘江西环境’”的权威首发平台，进一步增强“江西环境”的权威性和美誉度。在该机制的作用下，各地、各单位有重大政策发布，“江西环境”总是能及时权威首发，并作出准确透彻的解读。通过一次次权威发布，网友在潜移默化中积累了对“江西环境”的信任。例如，2022年4月30日，“江西环境”编辑提前与江西省生态环境厅大气环境处沟通，获得了全省3月环境空气质量数据，对全省共110个县（市、区、开发区）$PM_{2.5}$月均浓度进行排名，找到大家最关注的切入点，稿件对空气质量排名前十和后十进行了提炼和可视化编辑。在新媒体平台权威首发了微信文章《3月全省环境空气质量出炉，看看您的家乡排第几……》被省内外媒体大量转载推送。

（二）强策划、优内容，全方面提升运营水平

强化互动策划，增加粉丝黏性。拥有一定基数的粉丝数量，是扩大微信公众号传播力和影响力的关键。在运营过程中，“江西环境”一方面通过增加交流互动、策划各类线上、线下活动，把用户“迎进家门”；另一方面坚持内容为王，以优质及时的讯息内容，吸引留住用户，让他们“安心住下”。

坚持内容为王，聚力服务民生。“江西环境”20多万粉丝中，江西本地用户超过八成，为主力受众群。“江西环境”始终坚持立足江西、聚力服务民生，强调从用户视角出发推送资讯。发布的内容主要涵盖生态环境要闻、空气质量和水质量通报、污染举报、政策解读等类别，特别是民生类信息和与群众生活相关的内容，成为“江西环境”推送内容中最重要的组成部分。当大众传播媒介大量、集中报道某个问题或事件，受众也就会关注、谈论这些问题或事件。议程设置是新闻舆论工作中至关重要的一环，影响着舆论引导的方向、路径和成效。对此，“江西环境”始终胸怀大局、着眼大势，坚持围绕江西省生态环境厅大局工作，不断增强新闻舆论工作的前瞻性和主动性，牢牢掌握议程设置主动权，着力提升舆论引导力。

（三）严把关、拓功能，壮大主流思想舆论

强化把关引导能力，引领正确舆论导向。“江西环境”传播速度快，且信息承载量大、更新推送频繁，每日发布次数上限为3次，发布时间为当日9：00、15：00、20：00左右。如遇突发事件、重要新闻急需发布的，可调整发布时间，自收到发布指令之时起2小时内完成发布；如“江西环境”发布次数已满，则次日完成发布。如何做好“把关人”，守好意识形态阵地，是打造全国一流政务微信的关键。“江西环境”微信编辑部一方面加强学习培训，不断提升编辑和“把关人”的政治素养和业务能力；另一方面在运营中兼顾速度与质量，不断完善“三审三校”机制，不断增强舆论引导水平。2022年以来，“江西环境”围绕全省生态环境工作大局，推出了1000多篇原创微信文章，形成了龙头引领正能量的良好局面，唱响了江西生态好声音。

拓展办事服务功能，持续便民利民。政务微信是打造服务型政府的有效手段，其主要任务是为群众提供服务。各政务微信平台要想取得良性发展，必须从源头上抓起，政府部门工作人员要完全摒弃官本位思想，扮演好服务者的角色。“江西环境”在做好政务信息发布和舆论引导工作的同时，还积极拓展信息查询和办事服务功能。目前，“江西环境”已开通“便民服务”办事平台，推出了空气质量查询、水质量查询、污染举报、涉企乱收费督察等多项便民服务功能。

▲ 仙女湖流域鸟瞰图

四、取得的成效

（一）“双微”平台不断发力

2021 年，火爆宣传片《万物江西》点播量达 10 万 +；推文《驻厅纪检监察组与厅党组同频共振、同题共答——江西省生态环境厅锻铸治污利器》阅读量突破10万+；海报《江西国家生态文明试验区建设五年成绩单》转载阅读量达10万+，粉丝量增长至10万+，并持续稳健上升。

2022年9月23日零时，江西省生态环境系统正式全面启动深入打好污染防治攻坚战“百日攻坚”行动。“百日攻坚”行动期间，不管多晚，厅“双微”总是在第一时间发布“百日攻坚”相关内容，江西省生态环境系统双微矩阵同步转发、点赞、评论，全社会、全方位、全领域地宣传“百日攻坚”重要行动。宣传报道中，江西省生态环境厅主要领导深入第一线，发现问题、抓住问题、解决问题，合力推进污染防治攻坚、巩固提升生态环境质量，解决群众关心和影响居民生活的环境问题，努力为老百姓守住青山绿水、留住鸟语花香、护住田园风光。省生态环境厅联合《江西日报》、江西卫视等新闻媒体“强强联手”进行宣传报道。据不完全统计，“百日攻坚”信息稿件的转载、阅读、点赞量高达500万+。

（二）宣传活动亮点纷呈

近年来，“江西环境”大力宣传我省执法典型案例，开设专栏【能力建设锻铁军】【典型案例】【生态环保督察】【执法典型人物】等系列专刊，一经发布，在全社会引起剧烈反响。在执法典型案例的宣传报道中，江西积极转理念、变方式、强作风，创新执法方式，提高执法效能，发挥执法“利剑”作用，让诚信企业安心生产，让失信企业倍增压力，为推动江西高质量发展、优化营商环境提供了动力，更好地弘扬了环保主旋律，传播了江西省生态环境执法正能量。据不完全统计，2022年以来，“江西环境”和“江西生态环境”微博共推送执法案例70余篇，总计阅读、转载、点赞量高达100万+。

2021年7月，江西省生态环境厅与共青团江西省委携手举办首届“生态江西校园先行”高校环保创意大赛。在“江西环境”和“江西共青团”微信公众号上共同推出《有奖金！有证书！快到碗里来！“生态江西　校园先行”高校环保创意大赛征集火热进行中！》一文。活动总参与人数近50万，有效推动了江西省高校学生对垃圾分类、臭氧保护、污染防治攻坚战等环保知识的普及，倡导大学生积极参与环保志愿者行动、创新开展更有活力的环保宣传活动、主动选择有利于环保的生活方式。活动赢得了江西省生态环境厅领导和参赛者的普遍好评。近年来，“江西环境”开展了“美丽中国，我是行动者”主题国画、书法、摄影比赛，全省环保设施开放单位统一全部面向社会公众开放、“江西最美环保人”评选等多个活动，不仅有效提升了“江西环境”的品牌知名度，也迅速扩大了活跃粉丝量。

▲ 翠绿修河

五、经验启示

作为江西省生态环境系统政务新媒体的龙头，“江西环境”始终坚持内容为王，坚决不做标题党，不为盲目追求阅读量而发布与自身定位不相符的信息。尽管一些博眼球的社会新闻和一些“语不惊人死不休”的标题党，能带来一时的流量，但“江西环境”对此类内容一律拒之门外。此外，“江西环境”只从可靠的信息源直接采集信息，不直接引用非权威媒体的报道。在语言风格上，“江西环境”力求平易近人和风趣幽默，不使用生硬的语言，保持平等姿态和亲和力。

“江西环境”十分注重与用户开展双向互动，积极回应群众关切、及时答疑解惑。编辑人员对网友在微信平台上作出的评论和留言，必须耐心查阅回复；对用户反映的确切问题、提出的具有普遍意义的诉求，必须及时反馈给相关职能部门，努力为政民沟通互动牵线搭桥。这些“有态度、有力度、有温度”的互动，极大增强了粉丝黏性。例如，2022 年 5 月 18 日，一名群众在“江西环境”私信留言，宜春市经济开发区有工厂违规排放废气，我们立即与宜春市生态环境局相关负责人取得联系，宜春市经济开发区生态环境局也及时与当事人取得沟通联系，确认举报工厂位置，并连夜调查工厂偷排乱排情况。该群众的反馈得到妥善解决，得到了网友的点赞。

在突发新冠疫情中，受众变得敏感而情绪化，其信息获取、环境认知的需求相比以往更加迫切。媒介依赖理论认为，当社会发生重大变化情况不明时，受众急于从媒介了解情况或看法，对媒体的依赖明显增加。“江西环境”时刻保持对各大媒体环境热点话题的关注，实时跟进追踪，力争走在时效性的最前沿。

▲ 彩墨家园

六、结语

下一步，“江西环境”将在做强已有服务功能的基础上，继续与涉及公共服务的省直单位紧密协调，以期推出更多的办事查询服务功能，为群众的工作生活带来更多切实便利。

江西省生态环境厅宣传教育与对外合作处　邓小勇　朱　桐

3 “山东环境”政务新媒体“三个平台一个阵地”建设

一、摘要

“十三五”时期，山东省坚持以习近平新时代中国特色社会主义思想为指导，深入学习宣传贯彻习近平生态文明思想，积极践行网上群众路线，全省上下一盘棋，以正面宣传引导、凝聚社会共识、共享生态成果为总体思路，建立了以“山东环境”为龙头，市、县生态环境新媒体为成员的新媒体矩阵，上下联动、同频共振，倾力打造“三个平台一个阵地”，即权威环境信息发布的平台、与网民互动交流的平台、宣传教育科普的平台和环境舆情引导的阵地，在深入打好污染防治攻坚战，构建生态环境治理“共建、共治、共享”环保大格局中发挥了积极作用。

二、背景情况

政务新媒体是网络时代政府部门的“形象”窗口，也是生态环境部门开展生态环境舆论传播和引导的“标配”工具。“互联网 +”迎来公众参与环保的新时代，山东省生态环境厅顺应潮流、与时俱进，用好政务新媒体，加强与公众、社会的沟通交流，努力构建广泛参与、良性互动的大环保格局。

作为经济大省、人口大省，山东省有着独特的省情，人口密度高、经济总量大、发展速度快，同时产业结构偏重、污染物排放总量较大，超载的环境容量难以满足人民群众日益增长的优美生态环境需要，亟须建立方便快捷的政民沟通平台和及时有效的信息公开平台，听民意、解民忧，更好满足公众日益增长的环境知情权、参与权、监督权和表达权。

2013 年 5 月，山东省生态环境厅政务微博开通上线，2014 年 10 月，政务微信开通上线。近十年来，"山东环境"政务新媒体结合新时代信息传播规律，积极探索新时期群众工作方法，不断提高网络宣传水平，持续扩大影响力、传播力、公信力，努力讲好山东省生态环保故事，打造了立得住、叫得响、可复制、可推广的生态环保政务新媒体宣传"山东模式"。

三、主要做法

（一）打造环境信息发布的平台，巩固壮大主流舆论

聚焦贯彻落实习近平生态文明思想、深入打好污染防治攻坚战等主题开展重点宣传，创新实践"互联网 + 生态环保"治理新模式，采用一图读懂、短视频、卡通形象等生动灵活的方式解读生态环境专业内容，讲好生态环保故事，把握宣传时度效，全力打造有影响力的信息发布平台。先后开设"环保在行动""山东生态环保铁军风采""黄河流域生态环保和高质量发展""深入打好污染防治攻坚战""绿色示范案例""新旧动能转换""抓环保促发展 100 例""书记（市长）谈环保""以督促改见成效""山东生态环保这十年"等 20 多个主题栏目和热点话题，原创微博话题"环保在行动"阅读量 2.8 亿次。紧密配合线下新闻发布进行线上传播，每场新闻发布会之前预告提示，发布会中间及时跟进、实时更新，发布会之后配发全文实录、图解、H5、媒体稿件等，把传播影响力扩大，把工作讲透、

讲好。深入开展“美丽中国，我是行动者”主题宣传活动，创新打造生态文明宣传月等接地气、有活力、影响大的活动品牌，全面展示青少年、环保志愿者、环保社会组织等社会群体参与生态环保的热情和风采。稳步提升生态文化产品数量和质量，制作推出“美丽中国，我是行动者”主题微纪录片《守护者》及配套沙画、《山东环保人同唱一首歌》MV、儿童生态文学《天水谣》有声书等一批叫得响、传得开、留得住、群众喜闻乐见的优秀作品，展现社会各界共建美丽中国的积极行动，弘扬主旋律，壮大正能量。

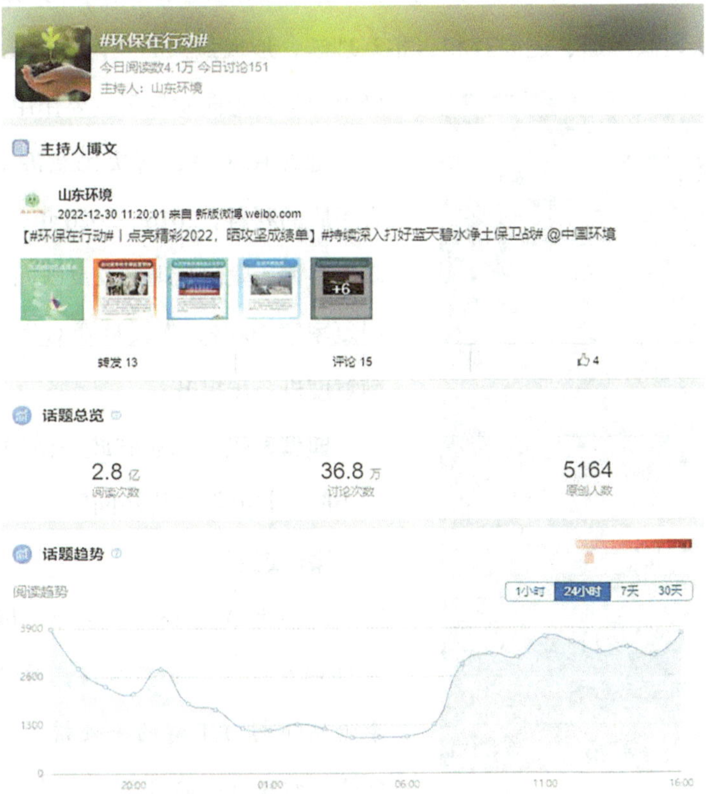

原创微博话题“环保在行动”阅读量 2.8 亿次

（二）打造网民互动交流的平台，及时回应社会关切

坚持以人民为中心，积极践行网上群众路线，勤于“键对键”，敢于接招发声，鼓励公众用“随手拍”等方式提供问题线索、参与环境治理，主动与网友良性互动、答疑释惑，及时反馈各类“急难愁盼”生态环境问题调查处理情况，立足为群众解决实际问题，得到了广大网民的信任和支持。积极回应社会关切，“线上互动、线下行动”，按季度通报微博转办信息、各市问题办结率，同时注意回复网友，办理结果在“山东环境”政务微博以“互动”话题公开，形成工作闭环。在 2017 年“治污影响经济”等网络舆情事件中，全省环保政务新媒体合力与媒体、网络大 V 和公众坦诚沟通、还原真相、相互理解，形成强大的舆论“正能量”，对正确引导舆论走向发挥了重要作用，成为常态化沟通政民关系、解决民意诉求、化解社会矛盾的利器。2016—2020 年，“山东环境”政务微博、微信受理网友反映问题 7321 件，回复率达 100%，人民群众对生态环保工作满意度进一步提升。

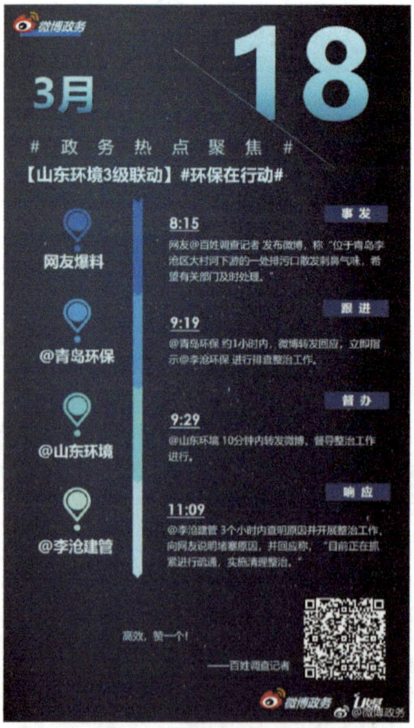

▲ 山东省政务微博多级联动，三小时内督办解决排污问题

典型案例：山东省政务微博多级联动，三小时内督办解决排污问题

案例过程：

2019 年 3 月 18 日 8：15，微博网友 @百姓调查记者 发布微博，称“位于青岛李沧区下村河下游的一处排污口散发刺鼻气味，希望有关部门及时处理”。

9：19，@青岛环保 约 1 小时内转发

回应，立即安排 @ 李沧环保　排查整治。

9：29，@ 山东环境 10 分钟内转发微博，督导整治工作进行。

11：09，@ 李沧建管 3 个小时内查明原因并开展整治工作，向网友说明堵塞原因，并回应称“目前正在抓紧进行疏通，实行清理整治”。

点赞评论：

@ 政务微博点赞 @ 山东环境，评论：“政务热点聚焦”@ 山东环境　多级联动，三小时内督办解决排污问题！治理环境，我们在行动！

@ 巴松狼王　转发并评论：政务微博就该这样做，反映问题的人着急，回应、解决问题的人积极。要直奔解决问题去，而不是把应对舆论当成主要目标。这才能形成良性循环的社会舆论氛围。

@ 生态梦人　转发并评论：政务微博的生命力、影响力、亲和力在于互动。

▲ 发布系列《环保小讲堂丨大气污染防治常识有问有答》

（三）打造宣传教育科普的平台，提升公众环保素养

充分发挥新媒体受众面广、传播速度快、沟通零距离等优势，以弘扬

生态文明理念、提升公众生态环境保护素养为目标，大力普及环保政策、环保法律法规以及生态环境污染防治科普知识，引导公众走近环保、了解环保、支持环保、参与环保，形成人人、事事、时时崇尚生态文明的社会新风尚。围绕生态环保重点工作，借助重要时间节点，以简明易懂、图文并茂的形式，发布科普信息，澄清模糊认识，扫除知识盲区，号召公众争做环保达人。开设的“环保小讲堂”“小编约您一起学”“环保设施云开放”“环保少年说”等话题栏目，向公众科普污染防治知识、应急减排常识、治污工作流程、监测数据来源、环保随手做小妙招等，表述清晰、内容实用、易于接受、广受好评。

▲ 发布系列《环保小讲堂：金律师信箱》栏目，广泛进行普法宣传

（四）打造环境舆情引导的阵地，广泛动员社会监督

牢固树立“舆情就是意识形态”的理念，密切关注重大敏感突发舆情，与环保执法联动，快速处置不过夜，及时发布权威信息，主动回应社会关切，形成舆情发现、交办、处置、反馈全流程有机衔接的闭环工作机制，不堵、不盖、不躲、不删，用正确引导抵消负面声音。与省委、省政府舆情管理部门建立重大舆情快速反应和协调联动机制，第一时间发现、第一时间研判、第一时间处置。针对一些错误思想和有害言论，严正批驳，坚决纠正，让客观积极的声音占据舆论空间。舆论引导把握时度效，讲究策略方法，积极沟通、化解矛盾、广交朋友、促进工作，努力构建全社会共同参与、良性互动的生态环保工作大格局。

典型案例：博兴县店子镇窑坑废水污染事件舆情应对及时、引导有力

案例过程：

2016 年 3 月 31 日 7：32，有网友向 @ 山东环境　反映凤凰资讯的新闻《山东耕地被挖出 20 亩 30 米天坑，充斥工业废水》。

@ 山东环境　立即转给 @ 滨州环保。

8：12，@ 滨州环保　回应收到舆情。

12：27，@ 滨州环保　发布消息《山东博兴店子镇窑坑废水正在处置》，介绍了窑坑的由来和污染的过程，表示“县环保监测站对该窑坑存水进行了采样化验，并于县内的光大污水处理厂进行处理实验”。

13：22，@ 山东环境　予以转发。

4 月 1 日 18：02，@ 山东环境　发布消息《关于媒体报道博兴县土坑积存工业废水问题的调查》，表示“省环保厅高度重视，已于 3 月 31 日当天派出调查组赶赴现场”，并通报了初步调查情况。

21：54，@ 滨州环保　发布消息《滨州全力处置店子镇废弃窑坑存水污染问

题》，表示“目前，省、市、县三级环保部门对废弃窑坑存水进行了采样，并安排罐车抽取窑坑废水，运到事故应急处理池暂存，待确定采样化验结果后进行科学处置。环保部门已对3家违法排污企业移交公安机关调查，对1家企业正在依法实施拆除，周边相关企业已实施断电停产。滨州市已部署在全市范围内对废弃窑厂、低洼坑地等进行拉网式排查整治，以防类似问题发生。山东省政府于3月31日连夜派出的工作组，已在现场指导处置工作”。

22：51，@山东环境 予以转发。

4月2日22：36，@滨州环保 发布消息《博兴县6名干部因店子镇窑坑存水污染问题被问责》，同时表示“经检测，周边土壤和地下水未受到窑坑存水的影响。当前，窑坑内存水已抽取完毕，存水及底泥正运往有处理资质的单位处置”。

23：09，@山东环境 予以转发。

案例启示： 这是由知名网络媒体首先曝光的一起污染事件，污染范围大、程度重、性质恶劣，处理不当极有可能引发重大舆情风波。山东省政府连夜派出调查组，现场指导处置工作，确保调查到位、处置到位、回应到位。山东省生态环境厅及时发现、迅速转办，为事件处置赢得时间。滨州市生态环境局快速响应、快速行动，事件调查处置扎实高效。省、市环保政务微博及时公布调查处理结果，起到了“安民告示”的作用，避免了舆论进一步炒作，有效降低了不利社会影响。

四、取得的成效

山东省环境政务新媒体坚持正确政治方向和舆论导向，大力宣传习近平生态文明思想，紧紧围绕生态环保中心工作，聚力聚焦重点任务，开设主题栏目和热点话题，综合运用文字、图片、微视频、动漫等多种表现形式，认真做好信息发布、政务公开、环保科普、关切回应等工作，向公众传递坚决打好打赢污染防治攻坚战的时代强音，以生态环境高水平保护推动经济高质量发展。

2016年以来，“山东环境”共发布信息9万余条，为公众解决生态环境问题7000余件，拥有粉丝近100万。在全省上下共同努力下，在广大网友大力支持下，山东省生态环境厅政务微博连续八年位居“全国十大生态环境政务微博”之首，先后获得“微博十年特别贡献·矩阵”和“政务微博优秀矩阵”荣誉称号。政务微信先后被评为山东政务微信最具成长潜力奖、山东新锐政务微信等。

▲ “山东环境”政务新媒体微视频演播室

五、经验启示

（一）建章立制、规范管理，是做好政务新媒体工作的基础

“没有规矩，不成方圆。”山东省生态环境厅先后印发实施了《微博工作体系管理办法》《环境信访舆情执法联动工作程序》《山东环境政务微博公开环境信访

办理结果工作规程》等一系列制度，规范新媒体信息公开、政民互动、运维管理、联动响应等工作，要求省厅机关公务员、直属单位和各市、县局中层以上干部开通个人工作微博，建立了政务微博与个人工作微博整体协同、相互配合的微博工作体系，确立了既是战斗员，又是宣传员的全员参与新媒体建设工作思路。

（二）配强队伍、锤炼作风，是激发政务新媒体活力的源泉

干好工作，关键在人。近年来，山东省生态环境厅严格落实“严真细实快”的工作作风，锤炼出一支作风过硬、吃苦耐劳、年富力强、业务精湛、积极作为、大胆创新的新媒体尖兵团队，发扬“三牛精神”，全年信息发布不停歇，及时传递生态环保好声音，与网友保持高效互动，政务双微亮点频现、新意不断。经常性开展新闻发布培训和舆情处置模拟实战演练，坚持以学促干，落实“平战结合”，全面提升新媒体工作素养。

（三）构建矩阵、上下联动，是打造政务新媒体格局的法宝

握指成拳，合力致远。山东省在全国生态环境系统率先推行新媒体矩阵管理，坚持全省上下一盘棋，探索建立了以“山东环境”为引领，省、市、县三级联动的政务新媒体矩阵，实现矩阵运行指令畅通、上下联动、左右互动，重大问题集体发声，重大信息传播同频共振，关键时刻确保发出生态环保最强音。每月公布各市政务微博排名，比站位、比作风、比能力，在比学赶超中，提升整体工作水平，全省生态环境政务微博占据“全国十大生态环境微博”半壁江山。

（四）做精内容、做强服务，是保持政务新媒体优势的根本

内容为王，服务至上。“山东环境”政务新媒体把握宣传时度效，及时公开权威信息、主动解读利民政策，做到“应公开尽公开”“应解读尽解读”。创新宣传形式，活用宣传素材，在出原创、推精品、出爆款上下功夫，使生态文明理念和生态环保工作的传播更接地气、更聚人气。坚持以人民为中心，主动与网友沟通交流、良性互动，鼓励公众“随手拍”，实行有奖举报，接受社会监督。以督促干，定期通报各市问题办结率，确保事事有回音、件件有着落，网上群众路线走深、走实。

六、结语

新时代领航新征程，新使命呼唤新作为。下一步，山东省生态环境厅将深入宣传贯彻习近平生态文明思想，切实增强做好政务新媒体工作的使命感、责任感、荣誉感，广泛宣传持续深入打好蓝天、碧水、净土保卫战的举措和成效，着力推动构建生态环境治理全民行动体系，为持续改善生态环境、建设美丽山东营造良好社会氛围和坚实社会基础，让更多的生态环保好故事“飞入寻常百姓家”，让青山常在、绿水长流、空气常新、人与自然和谐共生成为美丽山东的“亮丽名片”。

山东省生态环境厅　郝力耕　张金秋

4 说环保、做环保、我发声、我行动
——四川省《主播说环保》大型环保公益行动

一、摘要

2019年至今，四川省生态环境宣传教育中心（以下简称宣教中心）与四川省电视艺术家协会联合开展《主播说环保》大型环保公益行动。行动被纳入“四川省生态环保宣传教育公益示范项目”，由宣教中心提供项目资金、专家指导，四川省电视艺术家协会整合主播和媒体资源，每年围绕一个主题，发动全省乃至长

▲ 2019年《主播说环保》大型环保公益行动正式启动

江沿线主播针对环保问题共同呼吁发声，“说环保、做环保、我发声、我行动”，号召人人参与环保、践行绿色生活。

二、背景

2017年，宣教中心探索设立四川省生态环保宣传教育公益示范项目孵化机制，通过建立广泛征集、共同策划、联合实施、小额资助等一整套规范办法和工作流程方法，实现短时间、大规模撬动环保有生力量和优势资源参与到生态环保的宣传教育之中，创新宣传方式和渠道，搭建起更多公众参与环保的平台。2018年年底，生态环境部、中央文明办、教育部、共青团中央、全国妇联等五部门联合开展“美丽中国，我是行动者”主题实践活动，在活动的倡议下，2019年，宣教中心在开展公益示范项目机制推广征集工作中，将结合文化艺术手段作为方向，与四川省电视艺术家协会开展对接协商。协会拥有上千名在岗播音员、主持人会员，每个人在各自市（州）都有一定的影响力和粉丝群体，他们对参与环保宣传具有很高的意愿，但对生态环保认识不够深入，多以个人名义、阶段性地参与环保活动，社会影响力有限，需要集中力量，主动策划主题，搭建起主播参与环保活动常态化平台，充分发挥主播这一特殊群体和媒体传播对生态环保宣传教育的积极作用。

三、主要做法

（一）强化双方联动，抓好活动执行全过程、各环节

《主播说环保》是生态环境部门与文化部门整合优势资源、跨界融合、打造环保宣教公益品牌项目的一次成功示范，双方不断完善项目合作机制，加强主题策划，引入新的宣传手段。

以严格的项目机制把控活动质量。项目前期，宣教中心与省视协多次讨论研究项目实施内容和形式，仔细打磨方案，依托“四川生态环保宣传教育公益示范项目”机制，参与申报评选，专家根据项目实施需要、单位规范化管理水平及社会影响力综合评估，确定扶持金额，启动联合实施。项目实施过程中，执行团队深入项目跟踪进度，把控质量，随时提出建议意见，项目实施结束后，组织成果交流座谈会，展示项目成果、总结实施经验。

以认真严谨的态度创作活动内容。环保具有较强的专业性，每次活动从内容策划、文案审核、拍摄演绎都由宣教中心和省视协反复商讨决定，层层把关。邀请四川省生态环境厅、四川省环境科学研究院、绿色江河环境保护促进会等环保专家作为顾问，围绕习近平生态文明思想，大气、水、土壤环境保护等内容开展讲座培训，让主播深入了解生态环保专业知识。各项宣传文案由宣传教育中心组织相关领域专家认真把关，提供科学依据和数据支撑，确保精准权威；产出的视频通过科学性审查，力求专业的同时，增强可看性，吸引公众参与环保话题。

▲ 2020年11月川渝两地“生命长江”主播宣讲团成立

以环保活动促进主播队伍建设。双方每年多渠道宣传发动，争取更大层面、更大范围的主播支持。充分利用六五环境日等重大环保活动时间节点，号召主播出席环保活动，宣教中心策划节目、省视协动员邀请。通过各项活动，我们汇聚众多的主播资源，支持成立了川渝两地“生命长江”主播宣讲团，有效组织主播常态化开展环保公益活动，目前团队已超百人，成为一支有影响力的环保宣讲主力军。

（二）创新内容形式，促进活动多元化、品牌化

《主播说环保》根据生态环境工作重点和热点，每年策划一个主题，创新一种活动形式，产出一批环境文化产品，极大程度地发挥主播效用。

吹响环保集结号，拍摄系列短视频，讲述环保真情故事。2019 年首次发起《主播说环保》大型公益活动，动员全省 21 个市（州）电视台 100 余名知名主播，通过情境化、角色化的表现手法，结合主持人的个人特点和生活经验，拍摄“说环保、做环保、我发声、我行动”系列主题性故事化短视频 10 集，在四川卫视、四川广播电视台各频道和全省 21 个市（州）广播电视台播出，反响强烈。“又是饭圈女孩的一天，播音员大大好帅！话说那个环保纸好像很厉害的样子，求大神科普原理。”这是四川广播电视台主持人何炯拍摄的《减纸篇》短视频评论，情景化的故事让主播走出演播室融入人民群众“接地气”，精彩的视频吸引了广大受众的目光，也让环保知识的传播更加喜闻乐见。

▲《主播说环保》系列公益宣传片

联动川渝主播，携手共护长江源，共建生态环境保护宣传矩阵。2020 年，在成渝地区双城经济圈建设上升为国家战略的背景下，为助推长江生态环境保护，联合四川省文联、重庆市文联共同主办了“同饮一江水 · 共护长江源”川渝主播环保公益行。中央电视台著名主持人敬一丹带领 20 多名川渝主播在重庆，四川省甘孜州、阿坝州、雅安市、攀枝花市、内江市、泸州市、宜宾市等长江沿线城市开展 Plogging（拾荒慢跑）活动，主播化身“跑男”，慢跑捡拾垃圾，收集观测当地水源并进行实时报道。在青海长江源向全国主播发出环保倡议：“无论你是电视主播、电台主播还是网络主播，无论你在直播间、外景地，还是旅途中，为环保身体力行，为环保持续发声。做环境保护的倡导者、践行者、传播者。美丽中国，有你有我。”时任中央电视台台长赵化勇在返程路上发出感慨：“重视环境保护是我们每个人的事。从自己做起，从现在做起，我们赖以生存的家园会更加美好！”

▲ 川渝主播在长江沿岸开展 Plogging（拾荒慢跑）活动

唱响“生命长江”之歌，推进习近平生态文明思想进农村，打造环保宣讲新模板。 2020 年年底，成立川渝两地“生命长江”主播宣讲团，将《主播说环保》这一公益品牌推上了新的台阶。“你从雪山走来，春潮是你的风采；你向东海奔去，惊涛是你的气概……”在《长江之歌》熟悉的旋律中，2021 年主播们走进全省各类机关、学校、部队、社区等开展宣讲 50 余次，听众热切地想知道：“如果不是主播，如何加入长江保护的队伍？”主讲人宣布：“主播宣讲团升级为生命长江宣讲团。不是主播，也可以当宣讲人！”在活动的号召下，越来越多的公众接力当“宣讲人”，参与宣讲培训，去到学校、社区开展宣传工作。同时，各地主播们还积极加入习近平生态文明思想乡村巡回宣讲活动，创作适合在农村地区传播的环保故事，融入四川评书、音乐、诗歌朗诵等艺术形式，在广大乡镇开展生动宣传，辐射受众数万人，广播电视网络受众达 40 万，为开展公众环保宣讲工作提供了可推广、可复制的模板。

▲ 主播走进企业、社区、农村等地开展主题宣讲

随着《主播说环保》公益行动的持续深入开展，2022年策划推出“抖”出生活新姿势——“双碳环保”绿色生活打卡接力环保宣传活动和“走进母亲河·唱响黄河颂”环保公益行动，聚焦短视频高频次传播的“抖音”平台，邀请各行业KOL线上接力分享自己生活中的环保行动、心得体会，通过实景直播、线上访谈、黄河诗会等多种形式，全方位、多平台聚焦黄河古文明，解码黄河生态环境保护。

（三）搭建媒体矩阵，持续提升社会传播力、影响力

通过四年活动，双方整合了传统媒体及新媒体资源，搭建了《主播说环保》媒体宣传矩阵，与四川广播电视台、21个市（州）广播电视台、一百多个区县融媒体中心建立了良好的协作，充分运用“四川生态环境”新媒体矩阵，爱奇艺、今日头条、中国网、四川新闻网、四川观察等新媒体以及全省主播个人微博、短视频，同时团结了一大批高流量、高素质的网络达人，在项目全过程关键节点，统一联动发声，传播力度大，持续时间长，覆盖范围广，吸引公众关注度高，在全社会营造了生态环境保护共建、共治、共享的良好氛围。

四、取得的成效

（一）发挥主播群体强大聚合力

通过项目团结全省21个市（州）100余名主播为环保发声，联动重庆市成立“生命长江”川渝两地主播宣讲团，通过拍摄短视频、开办专栏节目等活动为环保发声，凝聚个体化、分散性的主播群体，形成最具声量的扩音器，激发公众环保意识，引领全社会践行环保，自发建设美丽中国。

（二）产出高质量文化艺术精品

拍摄“总宣片”“减塑篇”“减纸篇”等十余部环保公益宣传片，并撬动21个市（州）电视台出品自发制作《主播说环保》公益宣传片，获得社会各

界一致好评，其中“总宣片”获得了第二届全国电视公益节目“好宣传片奖”；制作“同饮一江水　共护长江源”公益广告、《同源》环保纪录片、“生命长江，有我守护”系列短视频等在四川广播电视台各频道及各融媒体平台进行矩阵式播出，形成规模效应。

（三）实现融媒体矩阵全频发声

以微信公众号、微博等新媒体平台为主阵地，支持、引导各市（州）主播积极发声，有效增加宣讲活动的流量和热度。《主播说环保》系列宣传片在四川电视台和21个市（州）电视台黄金时段免费播放，并在腾讯、优酷、爱奇艺、微信、微博等知名网络平台连续播放，观看量超5000万人次，获得了腾讯视频首页推荐，网络点击量超100万人次；《主播说环保》项目获得生态环境部2019年优秀宣传品，被《环境保护》杂志社评为2019环境保护宣传教育“品质之星”一等奖，《中国环境报》对项目进行了名为“主播代言忙，环保‘红出圈’”的专题报道。

五、经验启示

地方生态环境部门要以有限的资源，实施生态环境宣传教育这样庞大的系统工程，必须动员社会力量共同参与。《主播说环保》公益行动就是我们开展公众参与的一次大胆尝试。

一是小资金撬动大资源。创立孵化机制，引导整合更多有环保责任感的社会机构共同加入，做生态环保宣教工作的乘法。我们从活动萌发到落实的每一个关键环节，全程指导把关，力争打造成具有创新性、长效性、示范性品牌项目。

二是发挥名人效应。借助“主播”元素，运用情景化、故事化、体验化的手法，以人性传播、感情传播打动人心，它彰显了一种行动、一种呼唤，是主播作为公众人物对生态环境保护的一种强烈关注和责任担当。项目充分发挥公众人物的力量，让更多人关注环保、参与环保、为环保代言，将“生态环境保护”这个大主题传递到受众心中，有思想深度，有情感温度，有审美品质，受众喜欢看、愿意看，收到了超过预期的传播效果。

三是壮大朋友圈。通过项目的不断推进，参与人员从全省知名主播发展到长江沿岸电视台主播、网络达人，参与宣传的媒体也从传统媒体扩大到头条、抖音等新媒体，朋友圈里不仅有支持者、点赞者，更有不断加入的组织者、执行者。我们不是借助外力，而是动员外力，真正让社会各领域把生态环境保护宣传当作自己的事情，集中力量一起做。生态环保宣教部门从“做好全社会的环保宣传教育”逐步向“发动全社会做好环保宣传教育”转变。

六、结语

党的二十大报告中指出，必须牢固树立和践行“绿水青山就是金山银山”的理念，站在人与自然和谐共生的高度谋划发展。这是推动高质量发展的内在要求，也为我们今后开展生态环境保护宣传教育工作指明了奋斗的方向。在这个正确方向的指引下，生态环境宣传教育工作正如一个巨大的磁场，向社会各个层面不断扩展延伸，激发起广大群众丰富的创意，凝聚起最广泛社会阶层的蓬勃力量，最终推动每个人都成为生态文明理念的积极传播者和模范践行者，在携手共建美丽中国的新赶考路上，奋力谱写无愧于时代的绿色华章。

四川省生态环境宣传教育中心　张钰玲　陈超健

5 《物种100·贵州智慧》有声书

一、摘要

“物种 100”是 100 个物种生命智慧故事的简称，意为“为生物多样性保护而设立的‘观念影响行为’的具体行动”。《物种 100·贵州智慧》有声书选择了 100 个物种，以讲故事的方式，通过描述物种生存状况、面临危机的程度，以及对物种生存智慧的赞美，来警示人类勿以功利为目的，要以共生共荣为价值观，加入到保护生物多样性的行列。其中，以人与自然之间的情感为纽带是这本书的灵魂。人类要想与大自然的其他生物和谐相处，永续利用大自然提供的各种资源，必须深刻了解大自然的奥秘，满怀喜悦地接受其他生物并学习它们的智慧。

生态环境保护科普不一定要是说教，可以是用温柔的声音讲故事，让你自己去悟、去想，最后升华自己的思想，将尊重自然、热爱生命、维护生态、保护生物多样性自然而然地融入内心。不需要强制、不需要造作，用本真的感情去对待一切生命。

《物种 100·贵州智慧》有声书选取了在贵州省内分布的 100 个物种，向人们展示它们的生命智慧。它们有的是贵州具有代表性的物种，有的是在省内分布的国家重点保护物种，也有的是还没有引起人们的注意、有着奇特的生命智慧、具有深远的科学意义的物种。这些物种涉及不同类群，生活在不同的生态系统，不论身份的尊卑高低，它们就在那里，与人类一起呼吸。

二、背景情况

为深入学习宣传贯彻习近平生态文明思想，进一步加强生态文明宣传教育工作，开创生态环境宣传教育工作新局面，引导全社会牢固树立生态文明价值观念和行为准则，推动构建生态环境治理全民行动体系，加快推动绿色低碳发展，形成人人关心、人人支持、人人参与生态环境保护工作的局面，贵州省生态环境厅、贵州省野生动物和森林植物管理站、北京鹿蔫工社联合推出的《物种 100 · 贵州智慧》有声书在喜马拉雅平台上线。

▲《物种 100 · 贵州智慧》有声书新闻发布会现场

贵州省是典型的喀斯特山区省份，面积 176128 平方公里。长期以来，贵州省林业部门致力于自然生态系统和野生动植物资源的保护。自 1978 年建立第一个自然保护区——梵净山自然保护区以来，先后建立了 104 个自然保护区，守护着这些土地上的自然精华。

贵州省也是一个生态大省，生物多样性非常丰富。目前已知的物种中，仅野生脊椎动物就有 1085 种，维管束植物有 8612 种，这些物种长期生存在贵州这片特别的土地上。这片喀斯特地貌占全省面积的 73%、山地和丘陵占全省面积的 92.5%、纬度处于 25° ～ 27° 之间、海拔 137 ～ 2900.6 米，具有典型的双层空间，有地上和地下两套生态系统，孕育了丰富多彩的生物多样性。其中，每个物种都有它的生存智慧，在生态系统中各有位置，每个物种都有平等的生存权利。

目前，全世界对生态问题都十分关注。中国已明确了生态文明建设的方向和决心。这个时候最需要的就是好的生态内容的传播，需要一个个鲜活的生态故事让更多的人了解人类社会以外的生命。因此，需要我们使用公众听得懂的语言，把科学知识和实践应用相结合，说清楚价值、讲得出故事，将敬畏自然、尊重生

▲《物种 100 · 贵州智慧》有声书墙

命的理念蕴含其中，影响更多的人。《物种 100 · 贵州智慧》有声书应运而生。

三、主要做法

生物多样性保护工作的关键，在于社会公众的参与。当社会公众敬畏生命、亲近自然时，我们的守护工作就得到了呼应和认可，以及有力支撑。但这种敬畏和亲近，必须建立在社会公众对自然和物种生命了解的基础上。

在中国，对生态有深刻理解并对生物多样性保护产生重要影响的有很多人，其中两类人比较典型。一类是生态科学家，他们研究动物、植物与生态系统，常年在中国大地最美丽的区域行走，熟知中国辽阔土地上的不同生态系统，也清楚生态正面临的危机；另一类是农民，他们生活在中国的各个分散的、有悠久历史的村庄里，沿袭和遵守由祖先传授的生活方式与规则，具有现实的生态智慧与生态道德。

不过，大部分人都不擅长将一个完整的、公众能听懂的生态故事与毫无生态环境教育背景的人交流。尽管许多当地人遵守了传统的、智慧的生活方式，但他们说不清其中奥妙。还有一部分人介于两者之间，他们从农村出来，加入城市的建设中，他们对童年时的土地和绿水青山有很深的情感，而苦于没有新的方式完成两者之间的交流。

将生态专家与文化界学者集中在一起，共同创作生态故事，是一种创新的做法。很多科学家长年如一日在偏僻荒野之地研究物种，他们了解其中的细节和故事，却无法用通俗的语言介绍给社会公众。文化界对公众有巨大的影响力，却对生态知识和物种故事不了解。要完成专业人士在新时代守护生物多样性的心愿，就必须借助文化的力量和科学的知识。

贵州省生态环境厅与贵州野生动物和森林植物管理站集结了贵州生态界最优

秀、最接地气的科学力量，拥有贵州最强大的生态知识资源库。项目组调集了北京市和贵州省的科学家和文化学者，共同寻找和探讨贵州物种的生命智慧之光和古老文化，阐述国际视野下的“贵州智慧”。同时，我们借助喜马拉雅这个新平台，将书本制作成有声书这种新形式，使生物多样性知识得到更有效的传播，影响更多人，惠及更多的生命。

《物种 100 · 贵州智慧》有声书聚焦贵州省境内的物种生命，通过科学分类和文化术语两个体系整合成三大主体内容，即“生境篇 · 水墨黔家”、“智慧篇 · 黔乡物语”和“警示篇 · 黔灵情殇”，既尊重生态专业知识，也反映其背后的文化内涵，呈现出生态与文化融合的魅力。

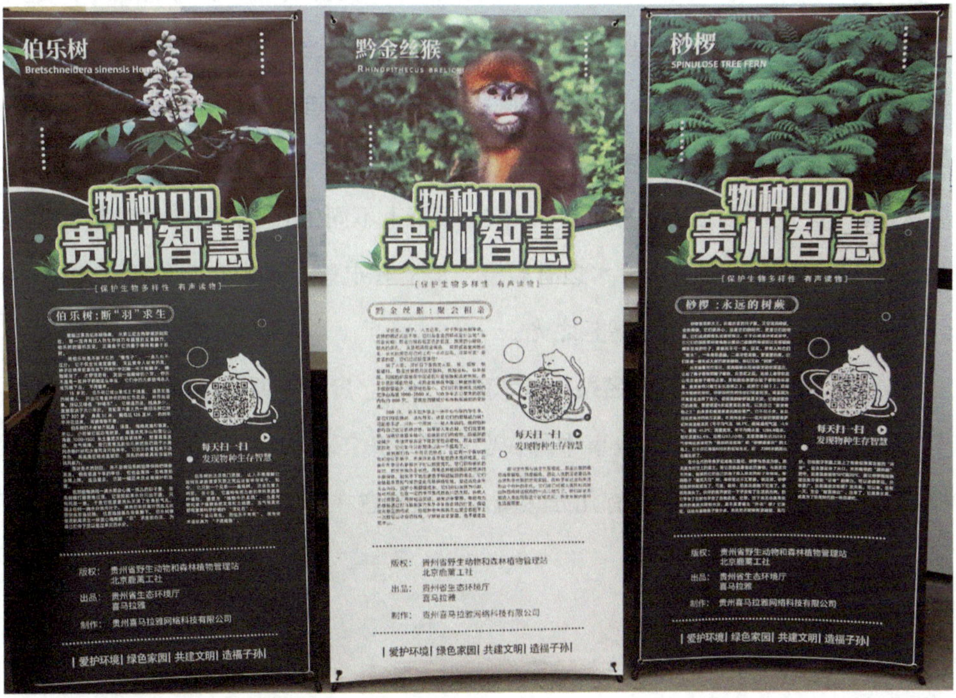

▲《物种 100 · 贵州智慧》有声书相关物种介绍

第一部分介绍贵州的多样生境与生态系统特征，这是贵州所有物种赖以生存的基础。贵州大学生命科学学院院长喻理飞、贵州师范大学生命科学学院副校长乙引对整个贵州省生态系统作了宏观描绘与分析。在此基础上，北京大学的闻丞博士和中科院植物所的刘冰博士对贵州省生态环境作了详细介绍。

第二部分是甄选出来的物种生命智慧。这部分是本书的主体内容，体量最大。其中植物与动物的分类，遵循了地球古生物物种生命演化进程的先后次序，植物由最初生命起源的苔藓植物、蕨类植物、裸子植物到被子植物进行排序；动物由昆虫、鱼类、两栖类、爬行类、鸟类依次排序。兽类按照食草目、灵长目、有蹄目、啮齿目进行排序。而在物种数量的比例分配上，以植物 40%、动物 60% 进行组合。其中，动物按昆虫 10%、鱼类 5%、两栖类 5%、爬行类 10%、鸟类 15%、兽类 15% 进行分类排序架构，进一步细化比例安排，力求逻辑严密，分类科学。这些物种具有不同标签，大部分都是珍稀濒危物种，同时包含一部分只在贵州省分布的特有种、对地方文化有影响的物种以及为了物种均匀性特意增设的物种。同时，活跃在森林、高原湿地、溪流水域、岩穴、田野上不同生态位的各个物种依次“展开”，如同一幅空中有飞鸟、水边有龍蟾、地上有走兽、水中有游鱼的立体画卷，画卷中的每个生命都闪耀着智慧之光。

第三部分是贵州的濒危名录，以华南虎为例。贵州省原来是华南虎分布版图中的重点区域，“黔之驴”故事中隐在驴后的主角正是华南虎，但如今整个中国都难觅其影，令人心中难免有几分感慨。此部分意在警示人们生物多样性保护的紧迫性。

四、取得的成效

如今，有声阅读已经成为国民阅读的一种重要方式，内容越来越丰富多样的同时也在不断进行优化。有关报告还显示，目前我国有声书读者以年轻化、高学历群体为主，30 岁以下的年轻人占比超过六成。未来对中老年群体有声化市场进行开拓，将打开更庞大的发展空间。在对有声读物的选择中，用户对有声读物的音质、时长和内容最为关注，好的内容资源依然是有声读物最核心的竞争力。因此《物种 100 · 贵州智慧》有声书对广大年轻人及学生有更加广泛的影响。

▲ 记者在发布会现场试听有声书

在喜马拉雅平台上线《物种 100 · 贵州智慧》是林业、生态环境部门牵手新媒体平台的一次尝试，通过一个个鲜活的物种小故事，以有声书的形式走近公众，让公众了解分布在贵州省的生物现状。

在新闻发布会现场，中央及省内主流媒体（新华社贵州分社、《贵州日报》、贵州广播电视台、《当代贵州》等）均在第一时间进行了报道。同时，该书也在2020年参加了第四届中国绿化博览会“绿博杯”再生资源再利用创意作品展。“物种的故事”有声书大型互动装置在绿博会展馆中进行了为期一个月的集中展示，体现了绿色创意作品的科技感、文化感、艺术感。目前，该有声书在喜马拉雅平台点击播放量已达20余万。

五、经验启示

通过参与该书的创作，创作组获得了一个重新认识分布在贵州省的各种动植物的机会，也使大家有机会对贵州省的生境、物种的情况进行了一次全面完整的梳理。以每个物种作为切入点，重新认识多姿多彩的生物世界，不但要了解它们的习性，更要掌握其生存智慧，并以生动的语言表述出来。尝试把自己想象成相应动物，感知它的生存智慧，让思维和灵魂在各种动物间不停切换，设想自己在贵州省美如仙境的丛林之中或用利爪尖牙捕猎饮血，或以身形体色隐匿山野，或以兽言私语号令群猴，或集山雾草露润泽仙体，这下它们都活了，形成立体的存在，令人印象非常深刻。

这是一场神奇之旅。从采访、体验、寻觅、学习、写作，到最后100个物种的智慧故事呈现眼前，每一个过程，无不充满人类对神奇大自然的赞叹与感喟。因为自然界的故事，远比纸上来得更精彩。我们将传统文化、文学、社会与科学等方面的知识揉在一起，构思成浅显易懂的精彩故事，将深刻的哲理赋予其中，改枯燥说教为丰富体验。经过整个创作组一次次的思想碰撞，一本生动有趣又饱含生态伦理的《物种100·贵州智慧》出炉了。

在物种名单甄选之初，每个人心目中都有自己的一杆秤，哪个物种重要、哪个物种退居其次，答案不一，因此选出来的物种有300个之多。创作组根据核心词“物种生存 智慧故事”来核定物种进入资格，即“在地球上演化了足够长的时间，生存本领高明，非常适应生境，有代表性，科学家对它们有完整研究，能把它的生活史或演化史讲清楚”。例如，白肩雕作为猛禽不是特别强有力的捕食者，其爪子的力量与飞行的速度耐力都不突出，常常捉不到猎物，出现大约5000只以上的大群野鸭才可能使得它们的捕猎成功，但是贵州的草海湿地就能养活白肩雕，可以说它的生存完全拜贵州省富饶的生境所赐。所以，这种有代表性的生物最终入围名单。

故事创作的过程也是十分艰辛的。科学家和作家来自两个不同领域，阐述方式会有差异，作家很善于写故事，但专业知识欠缺，不仅需要采访科学家及当地研究者，还需要短时间内大量恶补物种及生态知识；科学家们知识储备强大，语言表述专业严谨，但苦于找不到讲故事的突破口。因此，几乎每个创作人员都经历了迷茫、无从下笔的艰难心路历程。成稿后，又根据审核意见几易其稿。最后，经过大家的共同努力，精彩的故事终于呈现在我们眼前。

▲ 参加第四届绿博会创意作品展

六、结语

作为生命的个体，我们都逃脱不了在死亡的宿命，但我们对丰富多彩的自然世界的认知，却能够不断积累和传承下去，而这也构成人类在这个多彩的世界中繁衍延续的知识基础。让我们尊重每一种物种所拥有的独特“生存智慧”，无论是动物还是植物，它们的智慧和本领都让人震撼。这次创作过程是不断发现物种的生命秘密的过程，把这些秘密都展现给广大的读者和听众，是我们的目标。希望能让更多的人都来关注贵州，了解贵州，认识贵州，多彩贵州欢迎您！

贵州省林业科学研究院　冉景丞

贵州省生态环境厅　郑红艺

第四章

公众参与

1 环保设施公众开放云平台建设探索与实践

一、摘要

近年来，河北省积极探索、丰富环保设施开放新途径，搭建了全国首个环保设施开放综合性智慧云平台——河北省环保设施公众开放云平台（以下简称云平台）。其中，VR 全景平台沉浸式体验、环保设施开放单位独立展厅为全国首创。云平台的搭建实现了“云开放、云参观、云互动”，在新冠疫情防控期间成为环保设施面向公众开放的主要途径。据统计，自平台搭建以来，通过云平台参观环保设施的人数达 393 万余人（次），取得了良好的社会反响。云平台先后荣获“2020 年全国智慧环保创新十大案例”、河北省网信办新媒体“千优作品”等奖项，并被生态环境部作为优秀案例向全国推广，为全国环保设施“云开放”提供了借鉴。

二、背景情况

环保设施向公众开放工作是提高全社会生态环境保护意识的重要途径，能够有效保障群众的环境知情权、参与权和监督权，是我国生态环境保护事业走向公开、透明的重要手段，也是促进环保企业持续健康发展的必然选择。

为进一步推进环保设施向公众开放工作，河北省积极探索、丰富环保设施开放新途径，在全国搭建了首个云平台，在云平台设置环保设施开放单位独立展厅、VR 全景平台、公众开放活动集锦、预约报名、数据实时统计、人气排名、相关文件、媒体报道等综合性功能，让公众能随时随地线上全方位参观环保设施开放单位，有效解决了环保设施开放单位接待参观公众人数和场地受限制的问题。

三、主要做法

（一）适应新形势，云平台应运而生

河北省自 2017 年开始组织环保设施向公众开放活动。为了让参观者对环保设施开放单位有初步了解，2018 年河北省试探性地开发搭建了云平台，将相关文件以及环保设施开放单位的部分图片、文字介绍以及往期活动图片整合到云平台上。

近几年的新冠疫情防控期间，现场开放活动受限，河北省积极适应新形势，及时调整开放工作思路，以云平台为抓手，丰富开放内容，完善云平台功能，多方位通过云平台进行宣传，组织各地开展线上开放活动，使线上开放成为主要途径。据统计，自平台搭建以来通过云平台参观的人数达 393 万余人（次），在新冠疫情防控期间云平台优势尤为显著，仅 2020 年 1 月—2022 年 11 月参观的人数就达到了 375 万余人（次）。

云平台的主要特点可以概括为“浸”“实”“全”“互”“直”。“浸”是指可通过 VR 全景平台让公众身临其境，实现沉浸式体验；“实”是指可实时参观，公众可在线随点随看；“全”是指河北省 60 家环保设施开放单位全部“入驻”云平台；“互”是指公众可线上预约，实现互动；“直”是指公众参观更直接、更便捷。

（二）多功能划分，增强公众体验效果

云平台是一个综合性网络开放平台，其主要功能囊括环保设施开放单位独立

展厅、VR 全景平台、公众开放活动集锦、预约报名、数据实时统计、人气排名、相关文件、媒体报道等综合性功能，进一步推动了环保设施向公众开放工作，有效解决了环保设施开放单位现场开放人数和场地受限制的问题，进一步提升了公众的体验感。

独立网络展厅。云平台为河北省 60 家环保设施开放单位均搭建了独立网络展厅，网络展厅内容包括单位介绍、活动图片、设施讲解、活动视频、联系方式等版块，通过网页常态化向公众线上开放，让公众可以自主选择想要参观的环保设施开放单位进行参观，足不出户就能参观并了解多种环保设施处理工艺流程及现状。

为了方便公众有针对性地选择想要参观的环保设施开放单位，河北省于 2021 年对云平台进行了优化，在独立网络展厅首页设置了环保设施开放单位分布图，以河北省地图 + 文字的形式，直观地向公众展示全省各市环保设施开放单位分布情况及单位名称，公众选择想要参观的地市点击设施开放单位名称即可直接进入其对应的独立网络展厅进行参观。

VR 全景平台。云平台精选四类环保设施开放单位设置线上沉浸式体验——“VR 全景平台”。VR 全景平台有两种参观模式，一种是自动参观模式，全程无须任何操作，跟随讲解便可以参观设施单位的每个场景，参观过程中如果有疑问或者想再详细了解任何一个场景，都可以点击对应场景的按钮进行详细了解。另一种是自主参观模式，参观者通过导航按钮可切换自己想要观看的场景，自主调节参观角度，在感兴趣的场景或点位处收听音频讲解内容或查看文字讲解内容。VR 全景平台实现了环保设施开放单位“在线参观”，公众可随时、随地线上 360 度参观环保设施开放单位。与视频、声音、图片等传统展示模式相比，VR 最大的特点是可操作、可交互，让更多公众了解环保设施开放单位的相关知识及动态，弥补了现场开放时人数、场地、时间等方面的不足。

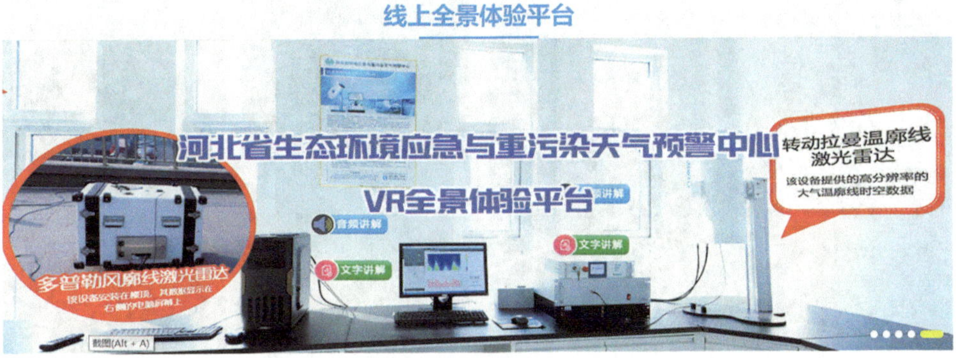

▲ VR 全景平台

VR 全景平台的搭建，让很多无法到现场参观的公众实现了身临其境、沉浸式的体验。例如，石家庄市市民张瑞海忙于工作没有时间到现场参观设施开放单位，便通过云平台中 VR 全景平台参观河北省生态环境应急与重污染天气预警中心，进入场景后通过上、下、左、右滑动屏幕来旋转观看的角度，通过点击场景内相应的按钮收听音频讲解或者查看文字讲解，点击“小手”图标查看每个位置的细节展示等。张瑞海表示，线上参观方便、快捷、节省时间，参观模式设计得非常人性化，只需要动动手指就可以随时、随地线上 360 度参观环保设施开放单位，身临其境的沉浸式体验非常好！

活动集锦。云平台集合了河北省 60 家环保设施开放单位的往期活动内容，并实时更新各环保设施开放单位的现场活动以及线上活动。活动内容丰富、形式多样，增强了公众的线上参观体验感，同时为全省各地、各环保设施开放单位开展活动提供了借鉴和启示。

▲ 环保设施向公众开放活动集锦

预约报名。公众可以通过预约报名入口预约想要参观的环保设施开放单位。预约的环保设施开放单位将在开放前与报名者联系，明确现场参观有关事宜。同时公众也可以通过“环保设施向公众开放”微信小程序预约想要参观的环保设施开放单位，在企业开放日当天到场进行参观。

▲ 预约报名流程

数据实时统计。云平台设有数据实时统计版块，可实时统计云平台的总参观人次和每个版块、每个环保设施开放单位以及每条动态的参观人次。河北省生态环境厅根据每个模块的参观人次判断公众的喜好，进一步提升公众开放活动质量。有力的技术数据支撑，为环保设施向公众开放工作更好地发展提供了改进方向。

▲ 数据实时统计

人气排名。云平台设置了“环保设施单位网络云展厅人气 TOP10”版块，综合各设施开放单位的活动次数、活动内容、线下参与人数及线上参观人数等因素，对各设施开放单位进行人气实时排名，并将人气排前 10 名的单位展示在云平台首页，优先向公众展示，同时激励各环保设施开放单位进一步增加开放频次、丰

▲ 展厅人气数据

环保设施单位网络云展厅人气TOP10

设施单位	地区	单位地址	人气值
石家庄市桥西污水处理厂	石家庄	石家庄市桥西区汇明路8号	469217
中节能（石家庄）环保能源有限公司	石家庄	石家庄市栾城区窦妪工业区灵达路三农街口附近	452084
河北省生态环境监测中心	石家庄	石家庄市裕华区雅清街30号（裕华区交警大队北行200米路西）	438781
河北省生态环境应急与重污染天气预警中心	石家庄	石家庄市裕华区雅清街30号（裕华区交警大队北行200米路西）	435798
华电水务石家庄有限公司	石家庄	石家庄市长安区高营大街与古城东路交口东500米路南华电水务	315353
张家口市环境监测站	张家口	张家口市经开区纬三路6号张家口市生态环境局	109984
石家庄高新区污水处理厂	石家庄	高新技术产业开发区污水处理厂泰山街6号	106450
邢台市污水处理厂	邢台	邢台市桥东区森林公园内	103365
邯郸市市政排水有限责任公司西污水处理厂	邯郸	邯郸市北环路107国道桥西200米	103130
石家庄绿色再生资源有限公司	石家庄	石家庄高新区珠江大道252号	102649

▲ 环保设施开放单位网络云展厅人气排名

富活动内容、提高活动质量。

相关文件。云平台相关文件版块，汇集了近年来生态环境部、河北省生态环境厅相关文件，并实时更新。让各地、各环保设施开放单位以及公众及时了解相关政策及动向，为各地更好地开展环保设施向公众开放活动提供了方向。

媒体报道。云平台集合了近几年各市、各环保设施开放单位的图文报道和视频报道，并对其实时更新，进一步扩大了媒体报道的宣传范围，增强了宣传效果，让更多公众了解、支持并参与生态环境保护。

（三）线上+线下，推动按需开放

云平台的搭建实现了线上、线下的有效结合，按需开放满足了公众的不同需求。目前公众除了可以参加现场开放活动以外，还可以通过河北省生态环境厅官方网站页面首屏“专题专栏”点击“更多”选项进入“河北省环保设施公众开放云平台”进行参观。

云平台的搭建实现了环保设施线上常态化开放、环保设施随时随地“在线看”。河北科技大学“根与芽”协会负责人表示，“以前每年环保社团都会组织同学们到现场参观环保设施开放单位，了解其现状及工艺流程，学习相关环保知识。新冠疫情防控期间我们不能到现场参观，云平台的搭建给我们提供了很好的学习机会，同学们通过手机端和电脑端均可以实现线上参观，大家足不出户就能了解河北省各环保设施开放单位的工艺流程及动态”。

新学期开学后，《燕赵都市报》小记者团组织线下研学活动，想要参观中节能（石家庄）环保能源有限公司，负责人齐老师登录河北省生态环境厅官方网站进入云平台的预约报名入口，按照预约报名流程，和中节能（石家庄）环保能源有限公司负责人对接，沟通参观相关事宜，确定参观人数及注意事项等，并进行了预约报名。中节能（石家庄）环保能源有限公司在开放前 3 天和齐老师电话沟通具体开放时间，并于约定的时间向小记者们开放。齐老师表示，网上预约省去了很多线下烦琐的过程，并且给了环保设施开放单位和组织者充足的准备时间，实现了线上、线下的互动互补，非常便捷。

四、取得的成效

自 2017 年起环保设施向公众开放以来，河北省通过组织形式多样的开放活动、设立企业开放日、建设教育体验场所等方式向公众开放，让公众实地了解环保工作，增进了公众对环保工作的理解与信任。2018 年河北省开发搭建了云平台，新冠疫情防控期间，河北省以平台为抓手，丰富开放内容，完善平台功能，多方位通过平台进行宣传，组织各地开展线上开放活动，使线上开放成为主要途径。云平台的搭建在新冠疫情防控期间效果尤其显著，仅通过云平台参观的人数就达到了 393 万余人（次），为近几年现场参观总人数的 55 倍，成为环保设施开放的主渠道，取得了良好的社会反响。2020 年 9 月，云平台上榜“2020 年全国智慧环保创新十大案例”，成为全国首个也是唯一入选的宣传教育领域智慧环保创新案例，为全国环保设施“云开放”提供了借鉴。

五、经验启示

随着公众环保意识的不断增强，参观环保设施开放单位的公众越来越多。近几年受新冠疫情影响现场开放活动受限，为进一步推动环保设施向公众开放工作，解决环保设施开放单位接待参观公众人数和场地受限制的问题，河北省在做精、做细、做活公众开放活动的同时，创新形式，增点扩面，丰富环保设施开放新途径，开放程度不断提高，打造了不落幕的云平台，不仅实现了“大门常打开”，还实现了环保设施“在线看”，公众只需要动动手指就可以通过云平台随时随地线上 360 度参观环保设施开放单位。云平台丰富多样的开放模式增强了参观者的体验效果，多种形式模块的搭建满足了各方不同需求，参观数据的实时统计为环保设施公众开放工作提供了改进方向。

六、结语

云平台的搭建实现了“云开放、云参观、云互动”，具有整合生态环境部门、环保设施开放单位及公众三方资源、数据的优势，同时实现了常态化的开放，满足了更多公众参观环保设施开放单位的需求。下一步河北省将不断创新、完善、优化云平台功能，进一步推进数字环保、智慧环保建设，有效发挥生态环境管理大数据作用，充分运用人工智能、云计算、物联网、移动互联网等信息技术手段，切实将数字化管理贯彻于生态环境宣传教育工作的全过程、覆盖到生态环境宣传教育的各领域，不断提高智慧化水平，推动环保设施向公众开放工作再上新台阶！

河北省生态环境厅　耿幸雅　李　博

2 花开草原
——新时代生态环境志愿服务队伍建设

一、摘要

内蒙古自治区把学习宣传贯彻习近平新时代中国特色社会主义思想作为首要政治任务，发挥新时代文明实践中心高举旗帜聚民心、解决问题暖人心的作用，打造志愿服务品牌，提升群众参与积极性；紧密结合地方实际，不断探索创新，丰富文明实践的形式和内容；将生态文明建设与新时代文明实践中心建设有机融合，书写新时代内蒙古自治区高质量发展新篇章。志愿精神蔚然成风、生态文明花开北疆，为深入打好污染防治攻坚战、建设亮丽内蒙古凝聚了合力、增添了动力。2018年以来，内蒙古自治区共建成103个新时代文明实践中心、1097个文明实践所、13658个文明实践站；成立166支新时代生态环境志愿服务队伍，其中固定志愿者9700余名，开展政策宣讲、惠民演出、生态文化大讲堂等志愿服务活动1300余次；2021年，自治区级生态文明教育基地、自然学校累计服务人数超过14万人次，全区环保设施向公众开放单位开展线上、线下活动200余次，参与人数79万余人次。

二、背景情况

生态环境志愿服务是新形势下构建现代环境治理体系、推进生态文明建设的有力抓手和有效途径。党的十八大以来，以习近平同志为核心的党中央高度重视生态环境保护和志愿服务事业的发展，先后出台的《志愿服务条例》《“美丽中国，我是行动者”提升公民生态文明意识行动计划（2021—2025年）》《关于推动生态环境志愿服务发展的指导意见》，为生态环境志愿服务的发展提供了指引和制度保障。

内蒙古自治区是我国北方面积最大、种类最全的生态功能区，保护好内蒙古的生态环境，不仅关乎全区各族人民的生存和发展，也关系东北、华北、西北乃至全国的生态安全。党的十八大以来，内蒙古自治区牢记习近平总书记嘱托，深入贯彻习近平生态文明思想，认真落实党中央关于新时代生态环境志愿服务的有关要求，凝聚全区内外持续关心关注内蒙古生态环境状况的环保人士和环保组织力量，整合社会各方面资源，积极开展生态环境志愿服务，不断激发公众的主体意识和责任意识，推动形成人人关心、支持、参与生态环境保护的社会氛围。

三、主要做法

（一）加强组织领导，完善生态环境志愿服务体系

内蒙古自治区生态环境厅坚持高位推动，强化顶层设计，成立新时代文明实践生态环境服务队联盟领导小组，印发《关于在全区组建新时代生态环境建设志愿服务队伍实施方案》；在全区按照“总队—支队—大队—分队”四级组织架构，组建了新时代生态环境建设志愿服务队伍；建立健全制度机制，先后制定了《“美丽中国，我是行动者”提升公民生态文明意识行动计划内蒙古自治区实施方案》《内蒙古自治区新时代文明实践中心建设试点工作总体方案》《全面推进内蒙古自治区生态环境志愿服务工作的实施意见》《内蒙古自治区生态环境志愿服务管理办法》《关于进一步加强环保社会组织引导发展和规范管理工作的通知》等文件，

指导推动相关工作规范开展。

广泛凝聚共建生态文明共识，不断加强与相关部门单位的联合协作，科学搭建生态环境志愿服务整体化平台。发挥生态环境领域专家引领和智力支撑作用，组织新时代文明实践生态环境宣讲志愿讲师团，定期深入学校、社区开展讲座、现场观摩、交流研讨等活动，影响和带动全民参与生态文明建设。深入挖掘社会公共服务平台资源，充分发挥各类公共文化设施作用，持续加强和推进绿色学校、自然学校、生态文明教育基地创评工作，积极推动环保设施单位向公众开放，为以生态环境教育为主要内容的志愿服务提供了广阔舞台。

认真落实生态环境志愿服务信息季报制度，定期调度全区生态环境志愿服务活动开展情况，精准指导各级生态环境志愿服务队伍常态化开展志愿服务活动，

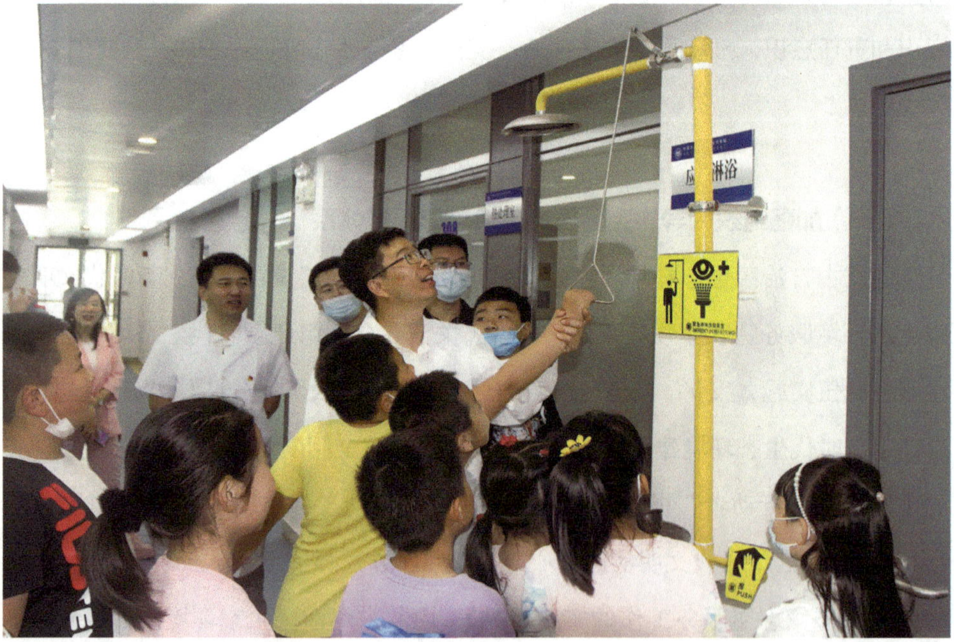

▲ 环保设施向公众开放活动

全力推动全区新时代生态环境建设志愿服务制度化、规范化、常态化，保障生态环境志愿服务工作健康持续开展。

（二）坚持政治引领，推动习近平生态文明思想更加深入人心

内蒙古自治区生态环境厅坚持把宣传贯彻习近平生态文明思想作为新时代生态环境志愿服务的首要任务。切实加强志愿服务队伍理论武装，举办全区生态环境志愿服务与环保社会组织能力建设培训班、新时代文明实践业务培训班、“碳达峰、碳中和”网络专题培训班、“绿色学校”创建专题培训班等，提高从业者和志愿者政治素质和服务能力。将全区 64 个生态文明教育基地打造为习近平生态文明思想宣讲平台、生态文明建设成就展示平台，开展常态化宣传教育，广泛传播生态文明理念。

▲ 新时代文明实践生态环境宣讲志愿讲师团进行主题宣讲

在抓日常工作的同时，利用六五环境日、国际生物多样性日、全国低碳日等重要时间节点，组织新时代文明实践生态环境宣讲志愿讲师团、志愿服务队深入基层一线开展“萨如拉绿色伙伴计划生活垃圾分类”科普宣传活动、“美丽中国，我是行动者”——绿色低碳社区建设项目、共建清洁美丽世界等主题宣讲、政策解读、文明实践活动，推动习近平生态文明思想进家庭、进社区、进学校、进企业、进机关、进农村牧区，在内蒙古辽阔大地落地生根、开花结果。

（三）发挥专业优势，提高生态环境志愿服务质效

各生态环境志愿服务队充分利用专业背景和新兴技术，积极开展新时代生态环境志愿服务活动，不断创新形式、丰富内容。在呼和浩特市、锡林郭勒盟、呼伦贝尔市等地开展“居民生态环境与健康素质提升行动”，采用群众喜闻乐见的二人台表演方式宣传环境保护理念，通过动态捕捉互动、全息影像、VR虚拟现

▲ 运用互动技术开展“居民生态环境与健康素质提升行动”

实视频沉浸漫游等互动技术展现地方自然生态环境。引导和号召公众积极参与“绿色生活 创城有我”文明城市创建志愿服务系列活动，用“以奖代补”形式开展“节能降碳、绿色发展”助力企业节能减排志愿服务行动，在腾格里沙漠锁边生态公益基地开展种树植心新时代生态文明志愿服务行动，赴和林格尔新区开展“送政策、送技术、送法律”志愿服务活动，会同自治区宣传部、团委等部门举办青春助力“美丽内蒙古”“低碳发展，内蒙古在行动”等志愿服务活动，社会影响力显著增强，生态环境志愿服务质效显著提高。

（四）坚持环保为民，用心用情用力办实事解民忧

内蒙古自治区生态环境厅始终坚持把环保为民作为新时代生态环境志愿服务的价值追求，组织志愿服务队深入一线、深入基层，听民意、察民情、问民需，开展菜单式、精准化志愿服务。2021 年以来，自治区各级生态环境志愿服务队聚

▲ 在校园开展“旧书义卖·爱心助学”活动

焦群众关切，为特殊困难群体送温暖、献爱心，帮助协调解决扬尘污染、污水乱排等环境问题，累计为群众办实事、解难题900余件，得到广大农牧民群众的认可和赞誉。

在抗击新冠疫情中，内蒙古自治区各地生态环境志愿服务队发挥了重要作用。2021年，内蒙古自治区生态环境厅组建疫情防控帮扶服务队，千里驰援额济纳旗，深入疫区一线送温暖、送物资、送技术，被自治区直属机关工委评为抗击疫情优秀志愿服务集体。2022年，面对严峻复杂的疫情防控形势，全区各级生态环境志愿服务队勇于担当、主动作为，积极投身疫情防控工作，许多封控在居住小区的生态环境系统志愿者，主动到社区报到，全力配合属地社区开展疫情防控、帮助居民送菜送药，充分体现了奉献友爱互助进步的志愿精神和生态环境保护铁军精神。

（五）打造品牌项目，提升生态环境志愿服务影响力

内蒙古自治区生态环境厅坚持示范引领，把加强品牌建设作为推动新时代生态环境志愿服务发展的有效途径和手段，集中力量打造了“绿色内蒙古 · 生态北疆行”、青春助力“一湖两海”、“种树植心”等特色鲜明、影响力大的志愿服务项目。

以鄂尔多斯市乌审旗为试点，全力打造新时代文明实践样板。紧紧围绕“北疆楷模 · 绿色乌审”新时代文明实践林项目，全面开展治沙绿化志愿服务，形成党政机关、企事业单位、社会团体和广大牧民四级联动的全民造林绿化工作格局。积极探索生态文明建设与文明家庭建设相融合，打造“家风森林”志愿服务项目，组建“绿色乌审 · 生态文明”志愿服务队，形成“林掌柜”“马背巡河”等志愿服务品牌。建设“草原党校”，把政策书籍、党的温暖和关怀放进蒙古包、送到草原上，把群众愿望期盼收集上来，打通基层理论宣讲的“最后一公里”。依靠艰苦奋斗精神，以“红色基因传承工程”为牵引，开展“回顾式”生态体验教育，实施从乌审召嘎查到布日都嘎查的“老树讲生态”“老村长故事汇”等志愿服务项目，推出“老村长喊你来吃苦”“我为群众办实事·绿荫树下颂党恩”等系列新时代文明实践主题活动，让“红色基因＋绿色信念”为主题的文明实践，成为培养时代新人、弘扬时代新风的精神家园。

▲ “家风森林”

四、取得的成效

（一）打造了一支功底扎实、富有活力的生态环境志愿服务队伍

内蒙古自治区生态环境厅充分调动生态环境系统、高校、企业等社会资源，广泛凝聚各行各业各领域的社会力量，组建了166支新时代生态环境志愿服务队伍，固定志愿者人数达9700余名，既保证了生态环境志愿服务队伍的专业性，又兼顾了志愿服务的全面性。

（二）培育了一系列质量好、水平高、社会影响力大的生态环境志愿服务项目

内蒙古自治区各级生态环境部门因地制宜、因人制宜、因势制宜，相继培育了一系列特色鲜明、影响力大的志愿服务项目。其中，“绿·爱”环保爱心、“乌梁素海清源行动”、“美丽中国　青春行动——青春助力　一湖两海生态文明实践行动”、“雁何往”乌梁素海候鸟守护、“青春环保　低碳先锋”、“保护母亲河　爱我鄂尔多斯”等志愿服务项目先后在中国青年志愿服务项目大赛中获奖。

（三）涌现了一大批肯奉献、能担当的生态环境志愿者

各生态环境志愿服务队伍发挥专业所长，关心关注社会热点和民生民情，他们深入城乡社区、农村牧区、学校、机关、企业开展政策宣讲、生态文化大讲堂等各类志愿服务活动，充分带动了各行各业积极践行生态环保社会责任，涌现出了一批具有示范引领作用的环保社会组织和环保志愿者。2019 年至今，全区有 14 名志愿者先后被评为“美丽中国，我是行动者”百名最美生态环保志愿者。

（四）把一个个生动的北疆生态环保故事呈现到公众面前

内蒙古自治区生态环境厅先后在国家六五环境日主场活动、2022 年全国生态环境宣传教育业务培训班上就内蒙古新时代文明实践与志愿服务工作进行典型发言交流；积极参加全国新时代文明实践志愿服务项目展示交流活动，通过上报生态环境部宣教司并被采纳得以参加湖州展出；在《中国志愿》杂志、《中国环境报》讲述内蒙古生态环境服务故事，在自治区“双微”平台推送生态环保志愿组织和最美生态环保志愿者事迹，着力讲好内蒙古生态环保故事。

（五）出品了一系列新时代生态文明实践生态文化产品

围绕草原、森林、水域、高原四类生态资源，内蒙古自治区生态环境厅编印了具有内蒙古特色的小学、初中、高中阶段科普教育读物；编撰了内蒙古自然教

育行业发展报告；推出了原创青少儿生态环保音乐专辑《美丽中国，我是行动者——美丽家园，我们是守护者之孩子的心愿》，并在海内外多个地区音乐平台展示播出；制作发布生态环境志愿者专题宣传片、微电影、微视频、公益广告等。不断扩大志愿服务主题实践活动的覆盖面和影响力，唱响生态文明建设主旋律。

五、经验启示

（一）志愿服务是社会各界深度参与生态环保的重要途径和载体

“十三五”时期，我国生态环境保护工作面临新形势新挑战，急需社会各界深度参与，而志愿服务是公众参与的重要途径和载体。近年来，内蒙古自治区生态环境厅组建生态环境志愿服务队伍，搭建生态环境志愿服务平台，推出能吸引公众广泛参与的专题环保活动，加大对生态环境志愿服务项目及参与渠道的宣传推介力度，引导公众更多了解和参与生态环境志愿服务工作，不断丰富扩大社会公众、企业、政府参与生态环境志愿服务的方式和途径。

（二）完善制度化建设是生态环境志愿服务健康发展的重要保障

规范化是生态环境志愿服务高质量发展的基础前提。内蒙古自治区深入贯彻落实中央志愿服务相关精神要求，以《关于推动生态环境志愿服务发展的指导意见》为新时代生态环境志愿服务的行动纲领，根据内蒙古自治区实际情况，出台了一系列制度性文件，逐步细化完善生态环境领域志愿服务的制度机制、组织管理、激励机制、精神培育和文化建设制度等，为生态环境志愿服务健康发展提供了重要保障。

（三）品牌引领是提升服务水平、做大做强生态环境志愿服务的必由之路

内蒙古自治区充分发挥“绿色乌审”招牌、阿拉善“种树植心”等志愿服务品牌的示范引领、辐射聚合作用，加强顶层设计，搭建交流平台，宣传优秀典型，

讲述感人故事，树立标杆、聚集资源，在提高志愿服务专业度、美誉度和认可度上下功夫，精心孵化培育了一批特色鲜明、贴近群众、社会影响力大的品牌项目，推动生态环境志愿服务不断走深走实、做大做强。

六、结语

新时代生态环境志愿服务工作在群众实质性参与、培养环保意识、树立环保观念、形成绿色生活方式上发挥着关键作用，已经成为建设美丽中国、促进社会主义现代化建设事业的重要力量。下一步，内蒙古自治区将持续提高政治站位，牢牢把握生态环境志愿服务在我国新阶段、新格局下的新趋势、新特征，深入贯彻习近平生态文明思想，全面贯彻落实党的二十大精神和中央相关部署要求，在生态环境部指导帮助下，学习借鉴其他省市经验，继续扎实做好新时代志愿服务工作，聚焦人民群众对美好生活的向往，汇众智、聚众力、积众筹、联众业，让参与生态环境志愿服务成为一种生活习惯、一种社会时尚，让生态环境志愿服务的“最后一公里”变为“最美一公里”，为筑牢我国北方重要生态安全屏障奋力新作为、作出新贡献。

内蒙古自治区生态环境宣传教育中心　李　婧　王　楠

3 大马哈鱼水生态环境保护宣传行动

一、摘要

“让中国大马哈鱼回家”（TAKE ME HOME）公益项目，是2015年由众多中国企业家发起的公益性河流生态环境保护项目，以可持续发展生态河流为愿景，以恢复河流生态环境系统为使命，关注中国大马哈鱼种群资源和产卵场环境，通过增殖放流、渔业保护政策倡导及建立公益型保护地等方式，探寻水生野生动物保护的最佳路径，恢复中国大马哈鱼种群资源及其他野生鱼类，最终恢复河流生态系统健康。永续自然资源保护公益基金会、黑龙江省环境保护教育学会、抚远市大马哈鱼生态环境保护协会为项目执行机构。

大马哈鱼水生态环境保护宣传行动是基于机构核心项目“让中国大马哈鱼回家”公益项目开展的，针对黑龙江流域、图们江流域、绥芬河流域水生生物多样性开展水生态环境保护行动，希望通过建立河流公益型保护地，开展环境教育、普法宣传、组建志愿者巡护等方式增强保护区周边社区居民保护意识，从而使各方联合参与到一线的河流保护工作中。

二、背景情况

山水林田湖草是生命共同体，大马哈鱼是极佳的生态保育助手，哺育着鸟、兽、鱼、木等生物群落；在河流生态系统中它有不可替代的保育助手作用。

中国有三种大马哈鱼：大马哈鱼（*Oncorhynchus keta*）、驼背大马哈鱼（*Oncorhynchus gorbuscha*）、马苏大马哈鱼（*Oncorhynchus masou*，国家二级保护动物）。它们是典型的溯河洄游鱼类，曾经广泛分布于黑龙江、图们江、绥芬河等流域，是中国的原生三文鱼。作为关键物种、伞护物种，千万年来大马哈鱼洄游为内陆带来丰富的海洋物质，增加了生态系统的初级生产力和固碳能力，在河流生态系统中有不可替代的保育作用。保护大马哈鱼就是保护与大马哈鱼相关的生态系统。

▲ 洄游的大马哈鱼

但由于多种原因，近几十年大马哈鱼的资源量和分布锐减，严重影响了流域内的生态环境质量。7 年来，执行团队借鉴国内外先进经验，依托政府放流站、水产种质资源保护区等多种手段恢复水生物多样性和河流生态质量，同时以伞护物种大马哈鱼保护为切入点，多种宣传倡导手段结合，引起公众对河流保护和渔业可持续发展的关注，并积极参与到渔业保护政策倡导及河流保护行动中。

三、主要做法

执行团队以黑龙江、绥芬河、图们江流域大马哈鱼保护为切入点，树立流域内的可持续渔业发展示范工程；建立以鱼类等水生动物为核心的河流系统生态环境保护地，通过科学的人工增殖放流、鱼类保护政策倡导及辅助执行、公益型保护地建设、宣传教育等多种工作手法开展保护和宣传工作，引导更多公众参与到物种保护宣传的工作中来。

（一）人工增殖放流

科学的人工增殖放流是恢复大马哈鱼种群资源的重要手段之一，我国原有抚远（黑龙江与乌苏里江交汇处）、东宁（绥芬河）、珲春（图们江）三座大马哈鱼放流站。但是这些放流站大多建于 20 世纪 80 年代末，设备较为陈旧，而各放流站地处边境县市，对外交流学习机会较少。执行团队与高校、科研院所开展合作，帮助政府放流站编制《繁育工作手册》，设计标准放流站，改进繁育、水处理、消毒等设备，增加各站之间的交流，开展全省范围的增殖放流研讨会，让更多放流站了解大马哈鱼的繁育过程。邀请技术人员赴加拿大体验式学习，多种方式提升在地工作人员繁育技术、管理规范，大大提高了大马哈鱼鱼苗的成活率，节约了成本，增加了放流量。

▲ 黑龙江省农业农村厅支持开展的省增殖放流研讨会

2019 年，永续自然资源保护公益基金会向北太平洋洄游鱼委员会（NPAFC）申请了专属于图们江（珲春）放流站的耳石专用号段，在国内第一次按国际标准开展耳石标记，让中国大马哈鱼有了“国际护照”。现已陆续在抚远、东宁等站实行。

（二）政策倡导

恢复中国大马哈鱼种群数量及渔业资源，离不开国家及当地政府的政策支持和有力执法。执行团队多次在黑龙江省两会提交“关于调整黑龙江、乌苏里江干流水域春季禁渔期建议”“关于保护和恢复黑龙江省大马哈鱼资源的建议”等政策建议，并通过新华社等媒体扩大宣传面；为黑龙江省抚远市、东宁市和吉林省延边朝鲜族自治州渔业管理部门提供技术咨询。同时，在秋季禁渔期，也是大马哈鱼洄游期，辅助渔政、边防等部门执行，制作普法手册、鱼主题保护布袋、禁渔海报等，倡导公众参与到非法捕鱼监督中。

（三）河流型公益保护地

2019 年 4 月，在东宁市政府的支持下，执行团队在绥芬河流域建立了第一个河流型公益保护地。2019 年 12 月，与吉林省延边朝鲜族自治州农业农村局签署《保护图们江流域野生鱼类合作协议》；2020 年 8 月，与黑龙江省农业农村厅、东北农业大学签署《濒危珍稀鱼类资源养护合作协议》；2021 年，在珲春市密江乡参与大马哈鱼文化特色乡村建设，参与水产种质资源保护区的联合管理，以大马哈鱼文化及产业发展带动地方经济。

以上协议签署的联合保护地域，均为有大马哈鱼产卵的水域，执行团队在这些水域周边开展在地保护工作；在东宁市政府和珲春市政府等的支持下，与生态环境局、农业农村局、边防部队、乡政府、周边社区等联合开展保护工作；建立巡护队，辅助执法；开展渔业资源调查了解生态系统健康情况，充分了解威胁因子重要程度并采取措施减缓或消除威胁，营造健康的水生态环境。

▲ 东宁绥芬河社会公益型保护地在东宁鲑鱼孵化放流站顺利揭牌

（四）形式多样，内容丰富多彩的宣教工作

生物多样性保护意识是衡量一个人、一个民族乃至一个国家文明程度的重要指标之一。现在的中小学生是未来国家建设的主力军，他们的意识不仅影响着我

国当前的物种保护现状，而且在我国未来的物种保护中起决定性作用。因此，新形势向我们提出了新要求，在做好生物多样性保护的同时，应及时对青少年开展环境教育。机构成立以来，一直致力于青少年环境保护意识的树立与激发。结合自身优势与经验，我们在保护区周边开展“生物多样性嘉年华图片展”“垃圾挑战”“家乡湿地探访”“生态旅游与研学”等系列青少年环境科普参与活动。不同形式的宣讲带给大家不同体验的参与式环境教育。针对每年的各大环保节日，联合商场、东北虎林园、高校等机构开展不同主题、不同类型的科普活动。

▲ 公众倡导宣教活动——生物多样性嘉年华

其中，针对城市公众开展的“劲草生物多样性嘉年华图片展”分别在黑龙江省哈尔滨市、黑龙江省牡丹江市东宁市举办，每场活动约有千人参与，得到了黑龙江省生态环境厅、黑龙江省农业农村厅和牡丹江市东宁市林业和草原局的大力支持。在每年的环境日，我们会根据不同主题设计保护区周边公众参与活动，如垃圾清理挑战、放流节小学生鱼类科普讲堂等，让生物多样性保护理念深入人心，让每一条河流恢复生机，生生不息。

生态研学在青少年生态文明教育方面更具有重要作用。《全国三亿青少年进森林研学教育活动方案》将国家青少年自然教育绿色营地建设作为重要工程项目内容，一体融入各省林草主管部门年度考核评价体系，把青少年进森林研学教育活动作为中小学生研学旅行的重要内容。这也是促进当地社区居民参与青少年生态文明教育的一种方式，同时反哺当地社区促进经济发展。我们根据项目优势，研发出一套具有东北民族文化特色的乡土教材课程“小鱼赛萌的奇幻之旅”，内容涉及整个东北生态系统及物种特征。2021 年在大马哈鱼保护地尝试设计研发青少年生物多样性博物观察夏令营课程及路线，带动当地社区居民参与到项目中，传播民族文化的同时开展环境教育工作。

四、取得成效

（一）人工增殖放流

经过政府和地方放流站不断努力，2019 年，同江市（黑龙江与松花江交汇处）、图们市（图们江）新增大马哈鱼增殖放流工作任务；2020 年，饶河县（乌苏里江）恢复了已中断 40 多年的人工繁育工作。执行机构为新增设的放流站或大马哈鱼繁育任务提供无偿的技术支持和多站合作交流支持。

截至 2022 年年底，吉林省、黑龙江省的放流规模已由 200 万尾增加到 2000 万尾，实现了高质量发展。鱼苗成活率已有显著提升，东宁放流站的标记鱼每年都有大量洄游。

（二）政策倡导

抚远市委、市政府一直大力支持大马哈鱼保护工作。近些年来，秋季禁渔期虽然只有20天（10月1日—20日），但是禁渔期结束后，渔政人员一直会坚守到江面封冰，持续关注非法捕鱼行为，让大马哈鱼有了更安全的洄游环境。机构持续建议增加绥芬河禁渔期。2022年，在黑龙江省农业农村厅发布的禁渔通告上，绥芬河流域增加了10月秋季禁渔期。执行团队和志愿者在地持续蹲守，将违法捕鱼行为第一时间通告执法部门。大马哈鱼今年绥芬河干流上溯产卵范围从7公里延长到了15公里至绥芬河一道坝下，支流瑚布图河上溯到100多公里的亮子川乡，当地此前已多年未见大马哈鱼。

（三）河流型公益保护地

执行团队借鉴国际保护经验，首创国内河流公益性保护地模式，补充政府工作，使保护与社区有机结合；转变当地人对鱼类保护的态度，以鱼自豪，共同守护水生物多样性。

▲ 东宁公益型保护地社区联合保护座谈

几年来，执行团队成员深入第一个河流型公益保护地的社区，支持村民积极参与到河流保护工作中，建立禁渔期河流巡护队。在每年秋季禁渔期，开始对河流两岸非法捕鱼情况进行监督，同时劝阻在禁渔期内想要捕鱼的渔民，对其进行普法。配合当地渔政部门在禁渔期执法，为政府部门填补人力有限的部分。在禁渔期之前，招募本地公众开展河流两岸村庄入户宣传工作，将禁渔期内非法捕鱼的法规条例一一传达给村民。针对秋季猎杀野生动物等违法行为，科普《中华人民共和国野生动物保护法》，让保护意识深入人心。在日常工作中，与当地渔民建立联系，发动渔民这个特殊群体意识转变，由“捕鱼”转变为“护鱼”，成为真正的河流守护者。在2021—2022年的调查中，已少见的国家二级保护物种马苏大马哈鱼，在河流中已有少量不洄游种群恢复活动，洄游种群每年也有几十尾至几百尾回归。

（四）形式多样、内容多彩的宣教工作

大马哈鱼不仅是一个物种，同时也孕育了北方少数民族文化，赫哲族有将大马哈鱼鱼皮制作成艺术品的风俗。我们在开展生物多样性保护工作的同时，也希望将物种保育与民族特色经济相结合，发展以大马哈鱼文化为代表的特色产业。我们尝试与大马哈鱼保护地周边村镇合作，绘制大马哈鱼民俗墙绘，开展青少年生物多样性博物观察夏令营，让当地社区参与到乡村建设的工作中，带动本地生态旅游发展。打造大马哈鱼文化特色乡村，开展生态旅游及研学，将鱼文化与北方少数民族文化有机结合，社区人人成为护鱼人，实现“绿水青山变金山银山”，促进民族团结。

（五）持之以恒，终获认可

2019年，“让中国大马哈鱼回家”（TAKE ME HOME）公益项目荣获“福特汽车环保奖——年度先锋奖”。

2020 年，在中国社会责任大会上“让中国大马哈鱼回家”（TAKE ME HOME）公益项目荣获奥纳奖——年度优秀公益项目奖；黑龙江省环境保护教育学会获得三菱电机中国青年环保推进活动环保资助项目三等奖。

2021 年，“让中国大马哈鱼回家”公益项目成功入选联合国“生物多样性 100 + 全球典型案例”。

2021 年，在珲春市密江乡参与大马哈鱼文化特色乡村建设，参与水产种质资源保护区的联合管理。

“让中国大马哈鱼回家自然体验之旅（东北雪原寻鲑之旅）”旅游路线被评为 2021 年“福特汽车环保奖”生态旅游线路 10 强，并获得 2021 年 CEGC 生态旅游路线奖最受欢迎项目。

2022 年，“让中国大马哈鱼回家”（TAKE ME HOME）公益项目荣获“龙江慈善奖”慈善项目奖。

五、经验启示

山水林田湖草是生命共同体，有很多物种正处于濒危状况，急需保护，但环境保护需要有恰当的切入点，而在东北河流生态系统中，大马哈鱼就是最好的切入点，它“串联”着鸟、兽、鱼、木等生物群落，而且与本地少数民族文化息息相关，保护大马哈鱼可以获得更多本地人的共情和支持。

民间环保组织的力量是有限的，但是如果能够得到各级政府相关部门的认可、在地社区的参与，社会的捐赠，发挥各自的优势，合力以一个小物种为切入点开展工作，以点及面，就有可能撬动整个生态系统的有效保护。

执行团队将持续关注中国大马哈鱼种群资源和产卵场环境，将继续通过水生生物多样性保护政策倡导、公众环境教育及建立公益型保护地等方式，探寻水生野生动物保护的最佳路径，恢复中国大马哈鱼种群资源及其他野生鱼类资源，最终恢复河流生态系统健康。东北野生鱼类保护与恢复工作是我国生态文明建设的重要一环，大马哈鱼保护工作的公众参与及保护创新可以推广到每个地域，让每一条河流恢复生机，生生不息。

六、结语

生态文明建设是关系中华民族永续发展的根本大计。保护中国大马哈鱼有助于修复生态环境，增加旅游价值；恢复大马哈鱼种群数量更是“鱼源国”的责任，而这样的责任能巩固中国的“鱼源国”地位，保障国家海洋权益，实现“兴边通海”战略。

黑龙江省环境保护教育学会　高瑞睿　牛　晶

4 “生态美超市”兑换出一片碧波 守护住一方幸福
——安徽省“生态美超市”推动公众参与的探索与实践

一、摘要

2012 年，皖、浙两省开展全国首个跨省流域生态补偿机制试点。2016 年，黄山市休宁县流口镇流口村作为新安江源头所在地，率先探索建立“垃圾兑换超市”（后改名“生态美超市”），通过用垃圾兑换小商品，切实提高村民生态环境意识，有效解决农村垃圾收集分类回收难的问题。六年来，黄山市共建成“生态美超市”345 家，覆盖新安江流域黄山段沿江所有行政村（社区）。“生态美超市”是黄山市实施新安江生态补偿机制试点中涌现出来的实践案例，是“政府引导、市场补充、公众参与、生态共享、全民保护”的制度创新。

二、背景情况

2011 年 2 月，时任中央政治局常委、国家副主席习近平同志对千岛湖及上游新安江保护作出重要批示，强调“千岛湖是我国极为难得的优质水资源，加强千岛湖水资源保护意义重大，在这个问题上要避免重蹈先污染后治理的覆辙。浙江、安徽两省要着眼大局，从源头控制污染，走互利共赢之路”，亲手揭开了全国首个跨省流域生态补偿试点的大幕。2012—2014 年、2015—2017 年、2018—2020

新安江水碧悠悠，两岸人家散若舟

年，在国家有关部委的大力支持下，皖浙两省接续开展了三轮试点。然而，在推进新安江上下游联防联治过程中，农村生活垃圾污染却成为困扰试点改革的重大难题之一。

安徽省黄山市地处皖南山区，境内山丘屏列，岭谷交错，自古以来便有“八山一水一分田”的说法，是一个典型的山区城市。黄山市下辖3区、4县，59个镇、42个乡，56个社区、691个行政村。大大小小的村庄沿河而建，境内村民居住分散、生活垃圾回收储运难度较大，依靠传统的垃圾清运模式难以妥善处理农村地区生活垃圾，导致长期以来部分村民习惯将垃圾堆放河边或沿河倾倒，河水冲刷成了清理农村垃圾的主要方式。每逢大雨过境，两岸垃圾被冲刷进入河道，便开始了它们“一泻千里”的旅程，导致新安江流域雨后“万国旗”成为常态，不仅污染了新安江、千岛湖，而且深深伤害了杭、黄两市人民之间的深厚情谊。

▲ 休宁县鹤城乡樟源里村村民随手将垃圾倾倒入河里（2011 年拍摄）

早年新安江流域河道的垃圾采用人工打捞的方式处理。一场大雨过后，当地政府就会组织干部群众沿新安江巡查、打捞垃圾。那段时间，新安江两侧经常能看到干部群众打捞垃圾的忙碌身影，不仅耗费大量人力、物力，而且治标不治本。为全面落实习近平总书记关于全民参与生态环境保护的有关指示精神，2016 年，黄山市委、市政府在新安江源头的休宁县流口镇流口村试点创办“垃圾兑换超市”。村民可以按照收集的矿泉水瓶、烟蒂、塑料袋、农药包装物等垃圾的数量兑换食盐、牙刷、黄酒、肥皂等日用品，让村民通过收集日常身边易收集的垃圾废品得到经济实惠，极大地改变了村民随手丢垃圾的不良习惯，有力促进了乡村环境改善和良好风尚的形成。试点取得了很好的效果，得到了时任省委书记的高度肯定，并亲切称之为“生态美超市”。“生态美超市”有效破解了农村乱倒垃圾影响生态环境这一难题，初步实现了垃圾整治“末端清理”为“源头减量”、“要我收集”为“我要收集”和“要我分类”为“我要分类”的目标，有效解决了农村垃圾收集分类回收难的问题，为乡村生态振兴提供了有力支撑。

2021 年 5 月，“垃圾兑换超市”写入《安徽省实施〈中华人民共和国固体废物污染环境防治法〉办法》，在全省推广。

▲ 休宁县流口村“生态美超市”开放日，群众排队用垃圾兑换积分

▲ “生态美超市”现场村民享受垃圾兑换福利笑开颜

三、主要做法

一是建立机制，全域推广。黄山市制定推广了“生态美超市”实施意见，编制印发了《黄山市生态美超市发展规划》，完善了“生态美超市”体系构架，形成了市、县（区）、乡（镇）政府主导，“生态美超市”实施主体具体负责的执行机制及执行团队。建立超市会员、积分管理、生态红包奖励、扶贫济困激励、生态文明教育等五大工作机制，实现新安江流域“生态美超市”全域推广。

▲ “生态美超市”垃圾兑换平台上线仪式

二是以物易物，积分管理。出台“生态美超市”兑换商品实施办法，以易收集、可回收垃圾为主，兑换生活必需品。在兑换价值上突出高重污染，提高废旧电池、农药包装物等对土壤和水环境危害较大的物品的兑换价值。为村民建立“绿色账户”，将垃圾兑换数量、参与环境整治等情况纳入账户积分，依据积分评选季度、年度“环保之星”，给予一定“生态美红包”或实物奖励，提高村民参与的积极性。

▲ 徽州区坑上村“生态美超市”兑换日，群众自觉分类垃圾兑换积分

三是分类处置，资源利用。立足再生资源回收体系，按照可回收、不可回收垃圾简单分拣。对可回收垃圾，由再生资源回收利用站点回收，收入补贴“超市”运营；对不可回收垃圾，建立“户分类、村收集、乡运转、市县处理”的垃圾处理全链条，由一家环境管理公司统一收运，从而实现从前端农村垃圾保洁收集、压缩转运直至末端处理多个环节垃圾不落地，在安徽省率先实现全域农村生活垃圾 100% 无害化处理。

四是示范先行，循序渐进。“生态美超市”作为黄山市推动公众参与生态文明建设的实践探索，坚持示范先行、循序渐进的原则，按照农村人居环境改善的成效规律，立足现有条件和财力，通过示范试点建设先行的方式，有序推进。截至目前，黄山市范围内已顺利建成“生态美超市”345 个，其中屯溪区 16 个、黄山区 23 个、徽州区 60 个、休宁县 108 个、歙县 98 个、祁门县 16 个、黟县 24 个，覆盖新安江流域黄山段沿江所有行政村（社区）。

五是多方投入，多元应用。建立以政府补助为主、社会资助为辅、集体投入补充的经费保障机制。按照“谁获益、谁投入”原则，引导松萝、新安源等从良好生态环境中获益较大的当地企业向“生态美超市”注资，实现生态经济反哺生态环境；主动对接“新安源六股尖水环境保护基金会”等社会组织，募集 60 余万元捐赠资金来补充“生态美超市”兑换物资。同时，在“生态美超市”增设便民服务窗口，拓宽为民服务渠道；设置土特产展销台，收购脱贫户或农户农产品进行线上、线下销售。

六是全民保护，生态共享。坚持全民参与、红利共享的原则，积极构建绿色交易体系，通过生态补偿制度的建立与实施，将环境整治与生态服务价值整合，激励更多的市场社会主体参与环境整治，实现生态红利共享。辖区内群众以户为单位，均可申请办理超市会员卡或建立“绿色账户”，作为储蓄积分、兑换物品，参与生态文明实践活动及享受“生态红利”的凭证，并将便民服务、门前三包、庭院环境整治、志愿服务等融入其中，不断完善垃圾兑换的内涵和外延。

四、取得的成效

生态效益上，据统计，平均每个“生态美超市”一年可回收各类废旧瓶罐 6 万多个、塑料袋 8 万多只，在废旧电池、农药包装物等对环境危害较大的污染物收集储运上效益更为突出，有效减少了农药、重金属和白色垃圾等污染源。以往洪水过后沿河两岸挂满“万国旗”的现象一去不复返，收集、捡拾废旧垃圾已经成了居民的习惯，极大地提高了村民生态环保意识，美化了乡村环境。

经济效益上，每个“生态美超市”平均每月可向当地村民提供兑换商品约 2000 元。村民尝到生态保护的甜头，极大地激发了保护生态环境的热情。而在农村生活垃圾处理成本上，平均每个“生态美超市”相当于投入 1 名保洁员的费用，便完成了 3 名保洁员的工作量，大大节约了政府环境治理开支，实现了政府和村民双赢的良好局面。随着环境的治理、水质的改善，新安江沿岸的乡镇开始发展有机茶叶种植、泉水鱼养殖、乡村旅游……生态的“含绿量”逐步转变为发展的“含金量”，“绿水青山就是金山银山”的理念得到生动践行。

社会效益上，超市增设扶贫 e 站和土特产展销柜台，建成垃圾兑换、便民服务、文明宣教的“三合一”窗口，以现代化服务体系的易农便民服务中心为载体，开辟新安源头环境整治新篇章。每个“生态美超市”就是一处环保宣传窗口，通过依托“生态美超市”开展环境保护知识宣传推介，积极引导村民提升生态环保意识，共同参与新安江流域生态环境保护，引领乡村文明新风尚，皖南山区绵延千年的生态文化得以传承和发扬。

2019 年 12 月，团中央组织召开的“美丽中国·青春行动”系列项目启动暨第九届“母亲河奖”颁奖典礼，休宁县流口镇流口村“生态美超市”荣获第九届“母亲河奖”绿色项目奖，为安徽省仅有的两个获奖项目之一。

2021 年 5 月，“生态美超市”荣登央视《新闻联播》栏目“走景婺黄（常）高速·看绿水青山美丽中国”片段，并成功入选水利部全面推行河长制、湖长制典型案例。

2022 年 5 月，“生态美超市”案例被生态环境部、中央文明办推选为“2022 年十佳公众参与案例”。

五、经验启示

一是提升意识是前提。利用“生态美超市”宣传栏、借助新时代文明实践所（站、点）传播习近平生态文明思想，动态展示生态文明建设、生态环境保护、环境治理和新安江流域生态补偿试点等方面的工作成效，宣传和普及农村生态环境保护知识以及垃圾兑换和垃圾分类的作用、意义，宣传展示农村生态环境恶化对村民生产生活的影响和危害，倡导村民重拎“布袋子”、重提“菜篮子”，减少使用一次性塑料制品，引导公众分类投放垃圾，提升村民生态环境保护意识，用生态文明理念引领乡村文明新风尚。

▲ 志愿者向村民宣传“生态美超市”兑换规则和垃圾分类方法

二是全民参与是关键。在推广“生态美超市”的过程中，注重将生态环境保护与群众切身利益紧密联系起来，通过“小切口”解决“大问题”，开展垃圾分类收集专业知识和技能培训，推行“生态美超市”积分制，提升村民参与乡村治理的热情，村民由“旁观者”变为“参与者”，自觉维护生态环境；结合党建网络管理，发挥网格员的作用，全力守护新安江的绿水青山；依托黄山市垃圾分类督导员及志愿者队伍，引导公众进行垃圾分类，为推行“生态美超市”打牢公众基础。

三是资金保障是基础。据测算，每个“生态美超市”平均每月需采购兑换商品约 2000 元，出售废品收入约 170 元，每月缺口资金 1830 元左右。黄山市采用政府补助为主、社会资助为辅、集体投入补充的形式，实现多渠道融资，弥补“生态美超市”资金缺口。2017—2022 年，“生态美超市”共计获得新安江生态补偿资金 3120 万元。黄山市政府整合新安江生态保护、美丽乡村建设、农村清洁工程、农村电商等政府项目资金补贴“生态美超市”运行，每个超市每年补贴约 2 万元。按照“谁获益、谁投入”原则，引导从良好生态环境中获益较大的当地企业和基金会等向“生态美超市”注资，已获捐赠资金 60 余万元。对集体经济发展较好的村，由村集体支付一定费用进行补充，例如，休宁县板桥村集体每年投入 4000 元用于超市日常运转。同时，坚持集中化、市场化、资源化，将“生态美超市”和农村生活垃圾 PPP 处理项目相结合，构建“户分类、村收集、乡运转、县市处理”的垃圾处理全过程链条，实现垃圾资源化、减量化和无害化处理。

四是多元整合是驱动。“生态美超市”除具备垃圾回收功能外，还成为村民的便民惠农的窗口、乡村振兴的平台、生态文明的课堂。目前，“生态美超市”正在进行新升级——采取“积分制”进一步拓展兑换范围。村民垃圾兑换可以折合成分数，获得表彰以及见义勇为、护河禁渔等行为也可以折合成分数，计入特制的“生态美超市”存折。村民根据存折上的积分可以到“生态美超市”兑换价值不等的物品。

六、结语

习近平总书记在党的二十大报告中指出“我们要加快发展方式绿色转型，实施全面节约战略，发展绿色低碳产业，倡导绿色消费，推动形成绿色低碳的生产方式和生活方式”。巩固提升“生态美超市”成效，是全面贯彻习近平生态文明思想的政治任务，是落实新安江流域生态补偿机制的重要举措，是主动适应生态文明建设新形势、新要求的客观需要，也是探索构建充分发挥市场机制作用、积极推行政府和社会资本合作的现代环境治理体系，扎实推进新安江—千岛湖生态保护补偿试验区建设走深走实的重要保障。

▲ “生态美超市”兑换出一片碧波 守护住一方幸福

黄山市新安江流域生态建设保护中心 许 玲

黄山市环境宣传教育信息中心 刘 灿

5 “美丽中国，我是行动者”——绿色卫士下三湘系列主题实践活动

一、摘要

党的十九大报告明确指出，加快生态文明体制改革，建设美丽中国，把我国建设成富强、民主、文明、和谐、美丽的社会主义现代化强国。“美丽”二字首次被写入全面建设社会主义现代化强国的奋斗目标。党的二十大再次提出：“我们要推进美丽中国建设，坚持山水林田湖草沙一体化保护和系统治理，统筹产业结构调整、污染治理、生态保护、应对气候变化，协同推进降碳、减污、扩绿、增长，推进生态优先、节约集约、绿色低碳发展。”“美丽中国，我是行动者”——绿色卫士下三湘系列主题实践活动是贯彻落实中央决策部署，响应 2018 年六五环境日国家主场活动提出的主题三年不变要求，活动以“绿色卫士”生态环境保护志愿者为载体，开展生态环境志愿服务活动，目的是倡导全社会积极参与生态环境保护，尊重自然，顺应自然，保护自然，使天更蓝、山更绿、水更清、环境更优美，让“绿水青山就是金山银山”的理念在湖湘大地充分地展示出来。

二、背景情况

2013 年 9 月，湖南省人民政府启动湘江治理与保护的“省一号重点工程”，

计划用9年的时间，通过连续实施3个“三年行动计划”，还湘江一江碧水，以绿色卫士志愿服务活动为推手，激发社会公众参与保护湘江的积极性。2018年，为积极响应省委、省政府“省一号重点工程”向“一湖四水”延伸的号召，助力污染防治攻坚战，省绿色卫士行动联合办公室增加省水利厅为成员单位，扩大志愿者人数、地域从沿江8市发展到全省14个市（州），做到绿色卫士环保志愿组织全省域覆盖，职责范围也从保护湘江向保护“一湖四水”延伸，向大气、水、土壤污染防治三大攻坚战延伸；同年，六五环境日国家主场活动在湖南举办，湖南省生态环境厅以此为契机，策划了“美丽中国，我是行动者”系列活动，其中，绿色卫士下三湘系列主题实践活动应运而生，它是落实“美丽中国，我是行动者”的一个宣传传播载体。

三、主要做法

（一）活动精彩纷呈，影响广泛

围绕大力宣传习近平生态文明思想、污染防治、生态保护、垃圾分类、低碳生活等开展宣传教育，推动社会形成绿色生产生活方式。

2013年，发布《绿色卫士宣言》，绿色卫士环保志愿者走进湘江流域，开展万家企业大承诺活动，全流域8市州有近7000家企业作出了保护湘江的公开承诺。

2014年，开展了首届志愿者绿色骑行活动，800多名绿色卫士环保志愿者与公众参加；开展了“爱祖国，爱湘江”大型公益活动。

2015年，绿色卫士环保志愿者完成了对湘江干流和一级支流沿岸600多个建制乡镇农村水污染现状调查，撰写了翔实的调研报告。

2016年，开展了以“绿色湘江，我们共同见证”——2016绿色卫士湘江大型环保活动，主要倡导绿色出行，宣传生态环境保护理念，对湘江沿岸排污口进行GPS 定位等。此次活动历时 40 天，行程近千公里，参与志愿者约 500 人，参与漂流船只约 200 条，动员群众约 5 万人次。

2017 年，举办了《“绿色卫士　君子之德”保护母亲河公益行动》——走进“湘、资、沅、澧和洞庭湖”活动；开展环境保护宣传、科普、普法“五进”等活动 3000 余次，参与或影响数百万公众，相关活动报道受到社会各界广泛关注。

2018 年，绿色卫士走进一湖四水，举办了“守望青山绿水，建设美丽富饶新湖南，‘绿色卫士　君子之德’保护母亲河公益行动”分别在湘西州泸溪县、娄底市新化县、岳阳市君山区开展，活动得到当地政府和社会各界的大力支持，环保志愿者和社会各界人士积极参与。

▲ 2017 年 6 月 5 日，时任湖南省省长许达哲向参加“守望绿色青山，建设富饶美丽幸福新湖南”活动绿色卫士代表授旗

2020—2022 年，省绿色卫士行动联合办公室连续三年在全省范围内实施“绿色卫士”生态环境保护公益活动小额资助项目，带动全省的绿色卫士志愿者队伍在全省范围内开展“下三湘”主题实践活动，共计资助 60 个项目，资助资金达

80万元，受到了社会的广泛关注，也得到了全省环保志愿组织的积极响应。

2019—2022年，“美丽中国，我是行动者——绿色卫士下三湘”系列主题实践活动分别走进了株洲市醴陵市、邵阳市新宁县、岳阳市岳阳楼区、益阳市沅江市、常德市临澧县、怀化市麻阳县、郴州市北湖区等地。

每场活动都因地制宜，形式多样，以群众喜闻乐见的方式广泛传播习近平生态文明思想，展示了当地生态环境保护工作取得的成就，彰显了当地政府、生态环境部门、广大社会公众及绿色卫士环保志愿者力量共同行动的决心，推动政府、企业、社会组织和公众志愿者服务力量形成生态环境保护合力。系列活动树立了湖南省环保志愿者的良好形象，绿色卫士下三湘活动也成为全国较具影响力的环保志愿服务品牌。

（二）宣传线上、线下，同频共振

创新互联网、手机客户端等新媒体传播方式，以湖南省生态环境公众参与平台为宣传核心，整合省、市、县三级主流媒体，充分利用微博、微信、微访谈、微视频、微漫画、生态文学、融媒体大直播等方式开展矩阵式线上宣传。结合乡村振兴、“党建红”引领“生态绿”等题材，以独具特色的访谈、歌舞、朗诵、合唱、倡议、讲述、音诗画等展示当地生态文明建设整体成就，讴歌在践行习近平生态文明思想、推进生态文明建设、共建共享人与自然和谐共生的美好环境中的好人好事，充分发挥先进典型的示范引领作用。

其中，由湖南省生态环境厅主办，湖南省生态环境事务中心承办的2021年“万物共生，洞庭‘湘’聚——绿色卫士下三湘”走进洞庭湖系列活动，深入阐述线上线下同频共振的魅力。活动大直播融媒体团队从湖南省生态环境厅出发，重走习近平总书记考察长江湖南岳阳段的路线，宣传湖南省推进生态文明建设“守护好一江碧水”的实践成果。

▲ 2021 年开展的“万物共生，洞庭‘湘’聚——绿色卫士下三湘”走进洞庭湖系列活动启动仪式

1. 践行“四力”，沉浸式讲述绿色卫士守护环境故事

从候鸟翩跹起舞的东洞庭湖国家级自然保护区到烟火气浓厚的益阳市沅江市渔民新村，记者用脚步丈量环洞庭湖区，观察着洞庭湖生态环境的变化，策划系列报道，将镜头、笔头对准生态环境保护一线的绿色卫士代表。采访从东洞庭湖国家级自然保护区管理局副总工程师宋玉成，到南洞庭湖自然保护地高级工程师万献军，讲述东、南洞庭湖湿地野生动物生存现状。从“洞庭湿地护鸟第一人”李剑志到岳阳市江豚保护协会会长徐亚平，讲述他们几十年如一日坚持环保公益，为了江豚跃、麋鹿奔、候鸟飞倾情守护一江碧水的感人故事。将广大网友沉浸式带入绿色卫士“监督、守望、传播、记录、民间河长”行动之中。

▲ 2021 年开展的“万物共生，洞庭‘湘’聚——绿色卫士下三湘”走进洞庭湖系列活动访谈宋玉成、万献军、李剑志等

2. 创新表达，以“洞庭动听”关键词首开生态音频宣传通道

声音是距离心灵最近的表达方式。这次活动以“洞庭动听”为主题，首次通过绿色卫士的镜头话筒，带领广大网友亲身感受碧水清流，倾听飞鸟麋鹿的天籁之声，让尊重自然、顺应自然、保护生物多样性的理念深入人心。没有多余的镜头和解说，只有唱响一曲人与自然和谐共生的“洞庭之歌”。本次活动突破常规，创新表达方式，让生态文明传播更走心，更具时代网感。

3. 全媒直播，“线上 + 线下，户内 + 户外”正能量传播流量过千万

这次绿色卫士下三湘走进洞庭湖系列活动直播，整合湖南广电融媒体直播团队，大胆采用线上传播、线下采访，户内直播，户外活动的方式交互式推进，节目形态多样，融合主持人访谈、记者采访、文艺表演、短视频打卡等多种形式，同步多平台音视频直播，共计视频直播人数过千万，点赞评论过十万，当日影响公众 300 余万人参与或观看此次活动。形成生态文明传播 # 洞庭动听正能量话题的流量效应，此项活动也被生态环境部授予 2022 年十佳公众参与案例。

▲ 2021年开展的“万物共生，洞庭动听——绿色卫士下三湘”走进沅江系列活动访谈沅江市委书记杨智勇

四、取得的成效

近年来，通过“绿色卫士”系列活动，涌现出大批环境保护优秀案例、生态环保志愿者并获得众多荣誉。其中94岁的朱再保老人，坚持几十年带头栽种水源保护林7000多亩地、100多万株。益阳绿色卫士琼湖大队长李剑志获得“美丽中国　我是行动者”全国最美生态环保志愿者称号。他编著的《湖南鸟类图鉴》，荣获科技部颁发的“2019年全国优秀科普作品”奖和获得第三届湖南省政府图书奖。绿色卫士名师宣讲大队队长曹喆主讲的“水污染控制技术”公开课程在“智慧职教mooc学院”平台正式上线，入选全国精品课程；岳阳洞庭湖绿色卫士大队“万张笑脸（益）起来”项目被评为2020年度湖南省最佳文明实践志愿服务

项目，洞庭湖绿色卫士们，打响“保护洞庭湿地，拯救长江江豚”立体宣传战，首创“中国长江江豚保护网”网站；组建“微笑宣讲团”进湖区、机关、社区、学校，宣讲520余场次；在长江、洞庭湖大堤，岳阳和长沙城区发布了29个公益广告；持续对青少年实施环保宣教，举办了全国首个江豚保护征文竞赛、学生江豚版画展。协助央视拍摄、播出《江豚护卫队》《微笑中的告别》《最后的水上人家》《天下洞庭》《云与梦之间》《江豚姐姐》《留住江豚微笑》《徐亚平：这个微笑，我想留住》《回归中的微笑》9个大型纪录片。

▲ 由岳阳市环保志愿者协会举办的2010岳阳市青少年生物多样性报告会上，朱再保老人现场给孩子们宣讲生物多样性知识

岳阳洞庭湖大队谭格获第十届保护母亲河绿色卫士奖，醴陵大队志愿者张水云被省市评选为“最美河湖卫士”“最美民间河长”，绿色卫士志愿者何慧晖被评为2021年度“最美志愿服务工作者”，毛建伟、曹喆等5名志愿者被生态环境部授予“2022年百名最美志愿者”称号。

“绿色卫士下三湘”项目被评为2020年度最佳文明实践志愿服务项目；“绿色卫士名师宣讲志愿服务项目”入选2021年“益爱同行·我为群众办实事”省直机关志愿服务项目；“湖南省绿色卫士志愿服务队”被评为2021年度“最佳志愿服务组织”等；“万物共生，洞庭‘湘’聚——绿色卫士下三湘”走进洞庭湖系列活动被生态环境部授予“2022年十佳公众参与案例”。绿色卫士下三湘系列主题实践活动已经成为湖南省生态环境志愿服务活动的代名词，影响力开始走向全国，品牌效应初步显现。

五、经验启示

志愿服务是全面建设社会主义现代化国家的重要力量，是社会文明进步的重要标志，也是构建现代环境治理体系、推进生态文明建设的重要途径。“绿色卫士下三湘”系列主题实践活动也是志愿服务的一种体现形式。党的十八大以来，湖南省绿色卫士生态环境保护志愿者积极响应党的号召，通过自身示范、典型引领，促使越来越多的人加入“绿色卫士”队伍，有效提高了公众生态环境保护意识，要持续保持这种良好态势，将主题实践活动常态化、制度化，需从以下几个方面进行落实。

（一）导向鲜明，服务大局

坚持正确舆论导向，坚持正面宣传为主，弘扬主旋律，传播正能量。紧紧围绕习近平生态文明思想宣讲、生态环境保护、绿色低碳发展，全方位展示贯彻习近平生态文明思想、牢记习近平总书记“守护好一江碧水”殷切嘱托在当地的生动实践和取得的丰硕成果。

（二）注重创新，丰富内涵

加强合作，因地制宜，以群众喜闻乐见为目标，不断创新活动的表现形式和内容；要与当地创新性生态环境保护工作和优秀的传统文化相结合，同时要立足志愿服务的公益性，探索和丰富生态环境志愿服务的模式、内涵。

（三）加大宣传，提升影响

加大活动的宣传和传播力度，不断提升活动的品质和效果。以当地融媒体中心为主，发动自媒体，对活动进行广泛宣传；同时也要在省、市、县级主流媒体、“学习强国”等平台上进行宣传推广，扩大活动的影响力。

六、结语

绿色卫士下三湘系列主题实践活动是湖南生态文明建设的一个缩影，几年来的实践证明，活动的开展有效推动了绿色卫士行动向环保工作领域纵深发展，推进了全社会牢固树立“绿水青山就是金山银山”理念，引导公众积极践行绿色低碳生产生活方式。以《湖南省贯彻落实〈“美丽中国，我是行动者”提升公民生态文明意识行动计划（2021—2025年）〉的若干措施》《湖南省生态环境厅关于“美丽中国，我是行动者”——绿色卫士下三湘主题活动实施方案（2023—2025年）》《湖南省生态环境厅关于进一步加强湖南省“绿色卫士”生态环境志愿服务工作实施方案》等文件为行动指南，努力推动习近平生态文明思想更加深入人心，形成“人与自然和谐共生”的社会共识，并把对美好生态环境的向往进一步转化为行动自觉，为实现高质量发展、高品质生活，持续深入打好“蓝天、碧水、净土”保卫战，建设美丽中国、美丽湖南营造良好的社会氛围。

湖南省生态环境厅　舒丽娟　杨　菲

6 青海：画好青海湖生态保护与志愿服务“同心圆”

一、摘要

青海湖是我国最大的内陆咸水湖，是维系青藏高原生态安全的重要水体，被誉为我国西北部的“气候调节器”“空气加湿器”和青藏高原物种基因库。2019年起，青海省委办公厅、省政府办公厅指导，青海省生态环境厅牵头实施的“保护青海湖、我是志愿者”行动，采取党委政府引领主导、志愿组织协同参与、社会共抓环境治理的创新模式，多形式、多角度、多维度宣传习近平生态文明思想，传播生态环境保护理念，带动以社会团体和志愿者为主体的社会力量，广泛参与到保护青海湖的宣传和实践中来。系列活动的开展进一步提高了全民参与青海湖生态环境保护的意识，营造了生态环境保护人人参与、人人共建，优良生态产品人人共享、人人呵护的良好社会风尚，画出了青海湖生态保护与志愿服务最大“同心圆”。此项活动不仅是一项生态环保志愿服务项目，更是青海省生态环境保护与志愿服务相结合、独具青海特色的生态环保公益品牌，活动效应、社会效应、品牌效应叠加释放，为青藏高原生态文明建设助力蓄能。

▲ 青海湖湿地

二、背景情况

青海省地处青藏高原东北部，不仅是三江之源、“中华水塔”，还拥有中国最大内陆咸水湖——青海湖，也因湖而得名。党的十八大以来，习近平总书记始终高度重视青海工作，心系各族人民、情注高原大地，两次亲临青海视察、两次参加全国人大青海代表团审议并发表重要讲话，作出一系列重要指示批示，明确了青海“三个最大”省情定位和在全国大局中“三个更加重要”的战略地位，明确了“三个先行区”建设、“四个扎扎实实”重大要求，明确了推动高质量发展、维护国家生态安全等重大任务，明确了把青藏高原打造成为生态文明高地的更高要求，明确了将建设产业“四地”作为推动青海高质量发展的主攻方向和行动路径，为青海发展指明了前进方向、擘画了宏伟蓝图、提供了根本遵循。

保护好青海生态环境，是“国之大者”。习近平总书记2021年6月在青海海北藏族自治州刚察县考察调研时强调，青海湖生态保护和环境治理取得的成效来之不易，要倍加珍惜，不断巩固拓展。生态是我们的宝贵资源和财富。要落实好国家生态战略，总结三江源等国家公园体制试点经验，加快构建起以国家公园为主体、自然保护区为基础、各类自然公园为补充的自然保护地体系，守护好自然生态，保育好自然资源，维护好生物多样性。要牢固树立“绿水青山就是金山银山”理念，切实保护好地球第三极生态。要把三江源保护作为青海生态文明建设的重中之重，承担好维护生态安全、保护三江源、保护“中华水塔”的重大使命。

作为国际重要湿地的青海湖，是维系青藏高原北部生态安全的重要生态屏障。2008 年，青海省政府启动实施青海湖流域生态环境保护与综合治理项目。2012 年以来，青海省不断加大青海湖流域生态环境综合治理力度，通过实施湿地保护、退化草地治理、陆生水生生物多样性保护等一系列生态保护与生态治理措施和重点工程项目，流域植被、湿地恢复明显，流域生态持续向好，生态功能持续增强，绿色空间不断拓展。青海湖实现了从生态退化恶化到生态向好的华丽蝶变，裸鲤资源稳定恢复，普氏原羚种群不断扩大，湖体面积十多年实现连涨。反观青海湖生态向好的背后，是青海省深入践行习近平生态文明思想、持续加强青海湖流域生态环境保护的坚定决心与扎实行动。

志愿服务是社会主义现代化建设的重要力量，是现代社会文明程度的重要标志，也是新形势下构建现代环境治理体系、推进生态文明建设的重要抓手和有效途径。生态环境部、中央文明办印发的《关于推动生态环境志愿服务发展的指导意见》（环宣教〔2021〕49 号）指出，要着力推动构建生态环境治理全民行动体系，紧密围绕人民群众对优美生态环境需要、生态文明建设和生态环境保护面临的重要任务广泛开展志愿服务，为持续改善生态环境、建设美丽中国贡献志愿服务力量。

为深入宣传习近平生态文明思想，贯彻落实习近平总书记来青海考察重要讲话精神，青海省委办公厅、省政府办公厅指导，青海省生态环境厅牵头，联合青海省委宣传部、团省委、省妇联、省文化旅游厅、青海湖景区管理局、海南州政府和海北州政府等成员单位，共同开展“保护青海湖、我是志愿者”行动，带动以社会团体和志愿者为主体的社会力量，广泛参与到保护青海湖的宣传和实践中来，进一步提高生态环保的全民参与意识，让生态文明理念深入人心，号召更多社会力量成为保护青海湖生态环境的宣传者、践行者和传播者，大力营造全社会参与和关注青海湖保护的良好氛围。

▲ 青海湖鸟岛

三、主要做法

2019年以来，青海省致力打造“保护青海湖、我是志愿者”行动品牌，采取党委和政府引领主导、志愿组织协同参与、社会共抓环境治理的创新模式，组织动员环青海湖地区环保志愿者、青年志愿者、巾帼志愿者2万余名，扎实开展青海湖生态环境保护志愿服务活动，有效提升了生态环境宣传教育的针对性和实效性，画出了青海湖生态保护与志愿服务最大“同心圆”。

强化组织领导，确保“推得动”。青海省委、省政府领导同志分别带队赴青海湖参加具体活动并现场指导，省委办公厅、省政府办公厅印发工作方案，各相关部门和地方党委、政府主要负责同志亲自研究部署协调，成立工作领导小组，印发实施方案，召开联席会议，细化活动环节，建立任务清单，切实加强组织领导。年末认真开展交流总结，研究常态化工作机制，结合生态文明建设和生态环境保护的新形势、新部署、新要求，持续优化巩固提升，形成一套特色鲜明、内容创新、行之有效的制度性方法流程，指导“保护青海湖、我是志愿者”行动各项工作扎实推进。

打造活动品牌，确保“叫得响”。青海省委、省政府把“保护青海湖、我是志愿者”行动作为以志愿服务推动生态环境保护的品牌活动，在传递生态保护、绿色低碳文明理念，开展生态环境教育，传播生态文化等方面发挥了重要作用。2021年在青海举办的六五环境日国家主场活动上，以“人与自然和谐共生”为主题的青海湖裸鲤增殖放流暨“保护青海湖、我是志愿者”活动作为分会场活动，在青海省海北藏族自治州刚察县裸鲤家园分会场举办，广大干部群众、志愿者向沙柳河内放流50万尾青海湖裸鲤，志愿服务活动通过电视媒体直播，向全国展示了保护青海湖的实际行动。

2021年六五环境日国家主场活动“保护青海湖、我是志愿者”青海湖裸鲤增殖放流活动现场

结合业务工作，确保“做得实”。把志愿服务活动与推进青海湖流域生态环境保护工作相结合，青海省生态环境厅组建专家咨询服务、法律法规宣传、环保科普宣讲小分队，组织专家赴环湖地区向乡镇政府、牧民群众和个体经营户开展环保法律、政策、科普知识宣讲活动，对环湖地区污水处理厂、垃圾填埋场运行管理中存在的问题，实地“把脉”找症结，现场“开药”促达标。针对中央生态环保督察问题整改，组织志愿服务团队加大生态环境破坏问题的巡查督察力度，有效防范环湖地区环境违法行为的发生。

丰富活动内容，确保“走得深”。注重活动策划和设计，聚焦绿色生活、生态保护与修复、水环境安全等内容，以六五环境日、全国低碳日、国际生物多样性日、国际湿地日等为节点，举办低碳环保创意大赛、演讲比赛，开展“河小青志愿者保卫绿水青山”等主题实践活动，编印《青海高原巾帼生态文明行动——

环保知识手册》，开展“妇女之家”大讲堂、“百千万巾帼大宣讲”、科普流动课堂、文艺演出等活动，创建“美丽庭院”，推进“两洁”行动，发出“清洁卫生我先行”“绿色生活我主导”“家人健康我负责”“文明家风我传承”等活动倡议，大力普及绿色环保、节能减排、垃圾分类等环保科普知识。

广泛组织动员，确保“行得远”。创建了以“党建＋志愿服务”的形式，以“红色娇子”“海湖朝阳”“藏城先锋”等一批青年志愿服务活动载体，走进环湖村社、街道社区，开展多种形式的志愿宣讲服务活动，扩大了社会影响力，吸引社会各界志愿者参与活动。举办青海湖迎新年徒步、环青海湖超级马拉松极限赛等活动，以“生态＋体育”的方式传递低碳环保理念。组建培育了“生态环保专家技术志愿者服务小组”“旅游志愿者服务站”等一批各具特色的志愿者队伍，积极发挥示范带动作用，推动“保护青海湖、我是志愿者”行动步入常态化。

“我的家乡青海湖”进校园环保科普宣传活动现场

强化宣传引导，传播“好声音”。《青海日报》、青海广播电视台及中央驻青海媒体开设专栏，借助报刊、广播、电视、网络等全方位开展宣传，集中展示活动进展和成效。在六五环境日期间开展“保护青海湖、我是志愿者”行动线上宣传周活动，集中推出“公民十条”典型倡议、主题海报和生态摄影展览、环保设施线上参观、青少年主题线上宣讲等活动，9.47 万人次线上参与，点赞 20 万余次。开展“大美青海、旅游净地”在线直播和短视频拍摄，举办“大湖见证”环湖媒体行活动，邀请 20 余家中央驻青及省内媒体集中报道反映青海湖生态保护和绿色发展的系列文章，集中宣传青海湖生态之美、志愿者之举，扩大了宣传面和影响力。

四、取得的成效

通过“保护青海湖、我是志愿者”行动的持续开展，习近平生态文明思想得到广泛宣传，生态环保志愿服务精神得到有力弘扬，环湖地区生态环境质量得到明显改善，群众对优美生态环境获得感显著提升。今天的青海湖水清岸绿、鸥鸟翔集、鱼翔浅底，人与自然和谐共生的大美画卷在青海湖畔徐徐铺开，高原独有的“草—河—湖—鱼—鸟”共生生态链趋于平衡。

生态环境治理和保护成效显著。全方位开展生态环境保护治理与基础研究，相继实施水、大气、土壤污染防治和农村环境综合整治项目 70 余项。先后开展实施了湿地植物恢复、鸟类栖息地改造、湿地监测以及附属设施建设等工程，使得青海湖鸟岛国际重要湿地生态趋于良好，生物多样性更加丰富。青海湖入湖河流监测水质达到Ⅱ类以上标准，地表水水质监测断面水质优良率达到 100%。如今的青海湖蓄水量不断增加，流域水质保持稳定，草原综合植被盖度逐步提升，生态环境质量显著改善，流域 80% 以上的面积保持着生态系统的原真性。

▲ “保护青海湖、我是志愿者”公益林植树活动

水生态治理保护力度持续走深走实。注重综合治理、系统治理、源头治理，统筹上下游、左右岸、河与湖、水质与生态、工程与科研相结合，系统推进青海湖流域生态环境保护综合治理项目资金投入，实施16个重点生态治理项目，支持建成日处理规模分别为1000吨和3000吨的黑马河乡和二郎剑景区污水处理厂、刚察县污水处理厂尾水湿地、鸟岛污水处理站扩容提质和配套管网等工程，同步建设了5个水质监管工作站。在布哈河治沿河打造近70公里的生态廊道。实施青海湖重点水域水生态环境保护与修复工程，围绕本底判定、指标确定、标准制定和技术创新等方面开展研究，扎实开展青海湖裸鲤水生态环境监测体系建设项目。

打造生态文明高地大步迈进。以打造生态文明高地为统领，积极创建青海湖国家公园，建设“山水林田湖草沙冰”综合治理示范区、生物多样性保护示范区、生态文明制度创新示范区、绿色发展示范区、优秀生态文化传承区、民族团结进步示范区，打造全国重要的自然体验和生态教育平台，将青海湖生态保护、国家公园建设目标与环湖地方政府“十四五”发展目标相融合，全面推进生态文明高地建设。

生态环境监测实现全覆盖。从2010年开始，持续开展青海湖流域生态监测工作，通过在流域设置300个各类生态监测站点，实现了流域生态环境监测全覆盖。监测结果表明，青海湖流域湖泊、湿地面积和水资源量有所增加，普氏原羚种群数量和裸鲤资源量明显增加，区域环境空气、地表水、集中式生活饮用水水源地环境质量达到环境功能区目标，流域生态系统类型、生态环境状况稳中向好。到目前，“青海生态之窗”观测点位由原来的6个扩建到76个，实现“远距离、大范围、全方位”的实时高清视频观测，丰富完善了“天空地一体”生态环境监测网络体系。

深化执法监管维护生态环境安全。紧盯防范环湖地区生态环境风险，三年来，环湖两州生态环境部门共出动执法人员3182余人次，检查企业（商户）2104余家次，实施行政处罚18起。督促指导青海湖流域8家污水处理厂建设安装污染源自动监控设备，对废水污染物排放情况进行连续监测和实时监控。组织力量对两地医疗废物经营处置单位进行全面督察，确保环湖地区医疗废水和医疗废物100%全收集全处置。开展“绿盾”强化监督专项行动，切实筑牢青海湖生态安全屏障。

推动高质量发展不断深化。推动环湖地区牢固树立和践行“绿水青山就是金山银山”的理念，站在人与自然和谐共生的高度谋划发展，把发展、民生改善同青海湖生态环境保护紧密关联、统筹推进，探索生态保护与绿色发展相融相生新路径和生态产品价值实现机制，引导形成绿色低碳的生产生活方式，实现生态惠民、生态利民、生态为民目标，推动形成高质量推进青海湖流域生态环境保护新格局。

在生态环保志愿服务上不断创新。以“保护青海湖、我是志愿者”生态环保志愿服务为主题，打造青少年自然教育基地，创作生态文化创意课程，建设生态文明志愿服务体系，围绕绿色生活、环境保护、文明劝导、水质监测、污染监督等内容持续开展主题实践活动，建立省、州、县、乡（镇）、村（社区）五级生态文明青年志愿者队伍，在中国志愿服务网注册成立“青海湖景区管理局志愿服务队”，以“党建＋志愿服务”的形式，走进环湖村社、街道社区，开展多种形式的志愿宣讲服务活动，扩大社会影响力。

▲ 2022年“保护青海湖、我是志愿者”小垃圾　大民生　静好青海湖活动现场

五、经验启示

开展生态环境保护志愿服务，是生动践行习近平生态文明思想的有力举措，是培育社会主义核心价值观的有力抓手，是新形势下公众参与生态文明建设的生动实践，是新时代生态环境宣传教育工作的重要方面。在全国上下深入学习宣传党的二十大精神的关键时刻，如何进一步推进生态保护与志愿服务有机融合，“保护青海湖、我是志愿者”行动作出了一些有益探索，带来了一些生动启示。

坚持党的领导是“生命线”。开展生态环境志愿服务的根本目的，就是深入宣传贯彻习近平生态文明思想，提高生态环境宣传教育的传播力、引导力、影响力和公信力，在推动生态环境事业发展中更好发挥作用。无论时代如何发展，坚持党的领导原则不能变。各级生态环境系统党组要切实当好生态环境宣传的“领航员”，坚持靠前指挥，强化政策保障，切实管好导向。要充分调动共青团、妇联等群团组织的积极力量，把宣传习近平生态文明思想作为头等大事，让党的声音成为时代最强音。

坚持品牌带动是“催化剂”。一个品牌就是一根标杆，一支队伍就是一面旗帜。没有品牌带动，活动的吸引力、影响力就会受到一定削弱。“保护青海湖、我是志愿者”行动既是实打实的活动品牌，又是响当当的社会品牌，有效地提升了各项活动的社会影响。组织开展志愿服务，要打造志愿服务队伍品牌、活动品牌，以“品牌效应”提升知名度和美誉度，吸引更多人群加入志愿者队伍，增强志愿服务的吸引力、向心力，推动志愿服务活动深入开展。

坚持全民动员是“关键招”。成功的志愿服务既来自志愿者的真心付出，也需要良好的筹划、组织和引导，仅凭单方发力是无法完成的。在“保护青海湖、我是志愿者”行动中，各级党委政府、省直机关事业单位、金融企业、志愿者个人等都参与进来，在全社会培育和践行了“志愿服务人人可为、时时可为、事事可为、处处可为”的理念。组织开展志愿服务，要让全社会“火力全开”，让更多人感受到志愿服务的浓厚氛围，享受到生态环境越来越好的“环境获得感”和“道德红利”，推动形成生态环境志愿服务制度化的强大合力。

六、结语

习近平总书记在党的二十大报告中作出“推动绿色发展，促进人与自然和谐共生”的战略部署，为今后五年乃至更长一段时期的生态环境保护工作提供了方向指南。青海湖是青海省的一张亮丽名片，经过历史的洗礼与积淀，已成为青海省的重要生态命脉，承载着丰富的文化内涵。今后，青海省生态环境系统聚焦打造生态文明高地，以更高标准深入打好污染防治攻坚战八场标志性战役，持续改善生态环境质量，以高水平保护推动高质量发展、创造高品质生活，贯彻落实《“美丽中国，我是行动者”提升公民生态文明意识行动计划（2021—2025年）》，持续开展“保护青海湖、我是志愿者”行动，构架“绿色连心桥”，形成“最大同心圆”，努力推动构建人与自然和谐共生的现代化新格局，让青海湖永葆碧波荡漾，让“大、美、净、好”成为永久的亮丽名片。

青海省生态环境保护宣传教育中心　祁万杰　张继生

7 宁夏生态环境“四进”宣传与志愿服务活动

一、摘要

宁夏生态环境“四进”宣传与志愿服务活动即生态环境宣传与志愿服务“进社区、进学校、进农村、进企业”，是宁夏回族自治区（以下简称宁夏）生态环境部门常态化开展的生态环境宣传服务活动，活动定位为法律科普宣传队、环保志愿服务队、沟通基层连心桥、生态文化传承者四个作用。

经过 6 年的实践探索与积累，宁夏生态环境“四进”宣传与志愿服务活动从最初的宣传环境保护法律法规、发放宣传资料、参观展板等形式，扩展到开展环保设施向公众开放、生态环境保护“大讲堂”、生态环境保护科普知识教育、环境保护设备进校园等活动，由单纯的法律法规和科普宣传的方式拓展为集生态环境保护法律法规及科普宣传、生态环境保护志愿服务、生态环境文化传播于一体的宣传平台。

“四进”活动的开展充分做到了向社会公众送法律、送知识、送文化、送服务，倡导环保社团和公众积极参与志愿服务、争做环保志愿者，为公众了解、支持、参与生态环境保护工作创造良好环境。

二、背景情况

宁夏生态环境“四进”宣传与志愿服务活动于2016年启动，由宁夏回族自治区生态环境厅组建生态环境保护志愿服务队，宁夏回族自治区生态环境宣传教育中心具体负责宣传与志愿服务活动，组织宁夏生态环境系统干部职工和环保志愿者进社区、进学校、进农村、进企业开展活动，以宣传习近平生态文明思想、生态环境法律法规和科普常识为主要内容，不断拓展宣传和志愿服务范围，充分发挥法律科普宣传队、环保志愿服务队、沟通基层“连心桥”、生态文化传承者的四个作用，大力倡导公众践行绿色低碳生产生活方式和简约节约的绿色消费理念，推动形成人人关心、支持、参与生态环境保护工作的良好局面，为深入打好污染防治攻坚战，实施生态优先战略、打造绿色生态宝地，努力建设黄河流域生态保护和高质量发展先行区营造良好舆论氛围。

▲ 宁夏生态环境志愿服务队出发

三、主要做法

（一）组织生态环境“进企业”，实现公众与环保设施零距离

一是加强对企业生态环境法律法规宣传。深入宁夏重点工业企业，向企业管理者解读《中华人民共和国环境保护法》等生态环境法律法规，明确企业的环保主体责任，对企业经营过程中涉及的生态环境法律责任进行面对面交流，提升企业管理者环境保护守法意识，倡导做生态环境法律法规的遵守者、生态文明建设的践行者。

二是持续开展环保设施向公众开放活动。四类环保设施向公众开放主要在工业企业，宁夏生态环境部门统筹协调宁夏中科国通新能源有限公司等30家开放单位，集中组织开放活动，围绕生态环境保护工作成效措施、污水处理工艺等主题开展特色活动。尤其是新冠疫情期间，组织开展线上开放活动，采集制作环保设施向公众开放宣传视频，让公众零距离了解环保设施。截至目前，全区线上线

▲ 在宁夏伊利乳业有限责任公司开展生态环境“四进”宣传与志愿服务活动

下开展环保设施向公众开放活动 200 余次，公众参与近 5 万人次，通过近距离参观环保开放设施和接受科普讲解，进一步提升了公众了解、支持、参与生态环境保护工作的积极性。

（二）组织生态环境“进学校”活动，提升青少年生态环保意识

每年组织举办生态环境“大讲堂”活动，推动生态环境知识走进全区大中专及中小学校。通过邀请专家授课、展示讲解环保设备、发放生态环境宣传资料等各种方式，向广大师生宣传低碳发展理念，倡导简约适度、绿色低碳的生产生活方式，提升青少年生态环保意识。同时，以宁夏生态环境展示馆与生态环境监测中心等全国“大思政课”实践教学基地为载体，构建生态环境保护与学生沟通交流的桥梁，让学生“近距离”体验生态环境保护，形成“生态环境 +”一站式体

▲ 在青铜峡市职业中学开展生态环境“四进”宣传与志愿服务——“大讲堂”活动

验平台。组织接待宁夏大学、银川一中、银州市兴庆区唐徕回民小学、银川市金凤区鲁银男孩女孩幼儿园等在校学生团体 30 余个 3 000 多人，为积极建设美丽校园和提升青少年生态环保意识营造良好的宣传氛围。

（三）组织生态环境“进农村”活动，助力美丽乡村建设

围绕生态环境保护、美丽乡村建设、发展绿色农业、垃圾分类等内容，在全区各市、县（区）农村广泛开展生态环境宣传活动，宣传《公民生态环境行为规范》和环保科普常识，放映环保科普电影。编印《环保知识宣传手册》《公民生态环境行为规范》等宣传资料和环保袋、环保扑克、宣传围裙等宣传品共 15 类，免费向农民朋友发放，倡导群众从身边点滴小事做起。同时，机关干部参观体验乡村建设，感受乡村振兴成果，努力为建设山川秀丽、鸟语花香的美丽新农村做贡献。

▲ 在宁夏石嘴山市大武口区祥河村开展生态环境“四进”宣传与志愿服务活动

（四）组织生态环境“进社区”活动，彰显志愿服务活动的人文底色

深入银川市金凤区花样年华等社区组织开展丰富多彩的宣传活动，积极宣传生态环保法律法规及生态环保科普知识，发放宣传资料，开展政策咨询、生态环保意见建议征集，帮助社区清理杂草，捡拾生活垃圾，打扫社区公共卫生。新冠疫情期间协助银川市阅海万家D区小区、西夏区兴庆小区等物业人员开展人员登记、测温和核酸检测等志愿服务活动，用实际行动彰显生态环保铁军的本色。

▲ 在宁夏银川市阅海万家社区开展生态环境“四进”宣传与志愿服务活动

四、取得的成效

宁夏生态环境“四进”宣传与志愿服务活动开展以来，坚持“绿水青山就是金山银山”的绿色发展理念，践行绿色低碳生产生活方式，促进构建生态环境保

护全民行动体系，为深入打赢污染防治攻坚战、努力建设黄河流域生态保护和高质量发展先行区贡献力量。在习近平生态文明思想宣贯、法律科普宣传、生态保护、脱贫攻坚、乡村振兴、疫情防控等方面发挥了积极作用。目前，已在宁夏全区开展了350余场有特色、有温度、有影响的宣传与志愿服务活动，覆盖宁夏所有市县区，累计发放宣传资料50余万份，受益群众达100余万人。

（一）发挥“四个作用”，宣传效果显著

一是充分发挥法律科普宣传队作用。编印公共类、社区类、农村类、企业类4大类10余种法律科普宣传手册，制作环保铅笔、购物袋等10余类宣传品，通过“四进”活动组织志愿者向社会公众发放并开展法律宣讲与咨询服务；通过新闻媒体、网络媒体、社区宣传栏、户外大型电子屏、公交车体广告、楼宇多媒体电视等广告载体开展法律科普公益宣传活动，制作发布法律科普宣传片20余部，组织开展法律科普知识竞赛10余场，发挥宁夏生态环境展示馆科普基地作用，积极宣传习近平生态文明思想，普及法律法规和环保科普知识。

二是充分发挥环保志愿服务队作用。以“美丽中国，我是行动者”为主题，每年六五环境日组织开展环保志愿者绿色徒步行、自行车骑行等大型宣传与志愿服务活动，倡导践行绿色低碳理念，共同守护碧水蓝天。联合宁夏环保志愿者协会以“保护母亲河、建设先行区”为主题开展“巡河护水”志愿服务活动。多次组织环保志愿者参加污染防治攻坚、植树造林、扶贫村义务劳动和助农采购、慰问基层困难群众、生态环境宣传与新时代文明实践活动。连续两年成功推荐4名志愿者获评全国“美丽中国，我是行动者”百名最美生态环保志愿者，推荐10个单位和个人获得“母亲河奖”绿色卫士、优秀组织、中国青年志愿服务优秀项目等荣誉。组织环保社团负责人培训，累计培训200余人。

三是充分发挥沟通基层“连心桥”作用。持续深入全区基层开展生态环境宣传、志愿服务和社会调查，为生态环境部门和人民群众架起了上传下达、沟通联系的桥梁。经常组织社会公众现场参观环境监测、城市污水处理、生活垃圾处理、危险废物和废弃电器电子产品处理等公众开放设施，针对新冠疫情防控实际制作 10 余部环保设施公众开放公益宣传片，通过新闻媒体和网络媒体“线上开放”。先后两次开展全区《公民生态环境行为规范》社会调查活动，及时收集社情民意、改进提升宣传服务质量。

四是充分发挥生态文化传承者作用。组织生态环保系统志愿者积极参加六五环境日主题专场文艺演出、全区“生态美”主题摄影书画大赛，创作《宁夏环保铁军之歌》并组织志愿者参加自治区“劳动者之歌”大赛，创作拍摄环保铁军题材微电影《守护》，并获宁夏“新时代新气象新作为”暨全区第四届社会主义核心价值观主题微电影大赛二等奖。创作“美丽中国，我是行动者”主题公益宣传片，并获宁夏第四届公益广告大赛三等奖等。策划制作生态环保主题宣传片、公益短视频、科普动漫、广播方言剧等作品 100 余部，设计制作主题海报、漫画、长图等宣传产品 300 多件，通过网络新媒体等载体广泛宣传，大力传播绿色低碳、健康向上的生态环境文化。

（二）在努力中前行，收获成绩荣誉

多年来，宁夏生态环境“四进”宣传与志愿服务活动秉持为民、服务、奉献的理念，被宁夏回族自治区党委宣传部、文明办等 15 个部门评为 2019 年度宁夏回族自治区学雷锋“最佳志愿服务项目”；承办“四进”项目的宁夏生态环境保护志愿服务队被中共中央宣传部、中央文明办、生态环境部等部门授予 2020 年度全国学雷锋志愿服务“最佳志愿服务组织”称号。同时，宁夏生态环境“四进”宣传与志愿服务队被宁夏科协评为“典赞 · 2021 科普宁夏”年度科普团队。

五、经验启示

（一）高位推动活动开展，助力生态文明建设

宁夏生态环境厅高度重视生态环境“四进”宣传与志愿服务活动，周密部署、强力推进，确定以重点宣传习近平生态文明思想、生态环境法律法规和科普常识、生态环境宣传教育、绿色低碳实践和开展志愿服务为活动主要内容，对活动主题和形式提出指导意见。在新冠疫情防控期间，宁夏生态环境厅16名厅处级干部在内的200多名宁夏生态环境志愿者主动下沉到社区70余个疫情防控隔离点，积极开展配送生活物资等志愿服务工作，24小时坚守一线，与社区管理服务并肩作战，在防控任务艰巨的社区一线留下了生态环保铁军坚毅的身影和动人的故事。在宁夏“学雷锋志愿服务月”期间，宁夏生态环境厅号召300多名生态环境志愿者开展了“保护黄河母亲河　建设美丽新宁夏”“建设美丽新宁夏　我们在行动”等学雷锋志愿服务主题活动，对典农河河道两岸环境卫生进行了清洁整治，与社区工作人员一起清理小区内垃圾，以强烈的责任意识和坚定的担当实干积极投身环境保护志愿服务行动当中，为继续建设天更蓝、山更青、水更绿的美丽新宁夏，担一份义务，尽一份责任，实现自我社会价值。

（二）搭建志愿服务平台，增强公众环保意识

在学校、在社区、在企业、在农村，不时会看到身穿红色马甲的生态环境志愿者的身影，他们通过集体倡议、环保宣传咨询、志愿服务等行为感染和感动着周围的群众。在宁夏同心县下马关镇等地，结合重要节日开展“新春走基层　环保进万家”等宣传和志愿服务活动，通过“跳蚤市场”“以物易物”等形式倡导公众践行绿色低碳生活方式；在青铜峡市职业中学、宁夏伊利乳业有限责任公司开

展“环保大讲堂”“生态立区　与法同行”宣讲活动，提高在校学生和企业法律意识，做守法学生、守法企业；在宁夏银川市西夏区兴泾镇开展“保护生态环境普法宣传暨关爱儿童志愿服务”，开设生态环境咨询和普法宣传小课堂区域，向居民和留守儿童赠送生态环境宣传品、宣传资料和学习用具，同时还开展了入户普法、环境卫生整治和“植树添新绿”等志愿服务活动，受到了当地居民的一致好评，有力提升了公众了解、参与、支持生态环境保护的意识。

（三）建立部门联动机制，共同提升服务效果

宁夏生态环境“四进”宣传与志愿服务活动涉及多个部门、多类资源，活动的开展离不开部门间协调合作，加强多部门之间的联动是做好此活动的关键环节。宁夏生态环境厅主动与宁夏自然资源厅、宁夏教育厅、宁夏团委、宁夏大学、宁夏银行和西夏区人民政府、银川市口腔医院以及宁夏生态文明促进会、宁夏大学仙人掌环保协会、宁夏医科大环保志愿服务队等30多个部门和社会组织联系，以宁夏生态环境“四进”宣传与志愿服务活动为平台，结合各部门的资源优势制定活动主题和内容，联合开展了“保护母亲河　我们在行动”“助力乡村教育　践行生态文明　服务先行区建设”“学雷锋　三走进　送服务　办实事”“珍爱地球　人与自然和谐共生”等一系列很有影响力的宣传与志愿服务活动，有力提升了公众的生态环境保护意识。良好的沟通联动工作机制为共同推动生态环境宣传与志愿服务工作取得良好效果打下了坚实基础。

六、结语

宁夏生态环境“四进”宣传与志愿服务活动将继续大力宣传习近平生态文明思想、生态环境法律法规和科普常识，秉承服务、为民、奉献、创新、高效的理念，继续发挥好“四个作用”，坚持不忘初心、勇毅前行，面向全区公众广泛开展宣传与志愿服务活动，推动习近平生态文明思想深入人心，为全面建设社会主义现代化美丽新宁夏凝聚强大合力。

宁夏回族自治区生态环境宣传教育中心　牛进频　沈　伟

第五章

生态文化

1 繁荣生态文学创作　推进生态文化建设
——山西省组织开展生态文学创作活动的经验

一、摘要

生态文明建设需要生态文化的发展，生态文化发展需要生态文学的繁荣。生态文学是凝聚生态文化结晶的载体，是传承生态文明的精神载体。

山西省生态环境厅和山西省作家协会联合邀请组织山西省内外作家，连续多年开展“美丽中国·生态山西”生态文学采风和创作活动，创作出版了一系列生态文学作品，形成了山西省生态文化建设的一个知名品牌，在山西省乃至全国产生了积极影响，为山西省生态文明建设的发展和生态环境质量的改善营造了良好社会氛围。

生态环境部《宣教工作简报》曾在全国生态环境保护系统推荐山西经验，生态环境部领导和生态环境部宣传教育司领导高度肯定山西做法。

二、背景情况

2018 年全国生态环境保护大会上，习近平总书记指出，要加快构建生态文明体系，加快建立健全以生态价值观念为准则的生态文化体系。生态文明是人民群众共同参与、共同建设、共同享有的事业，要把建设美丽中国转化为全体人民自

2016年7月5日生态汾河文学采风团在汾河源头采风活动合影留念

觉行动。每个人都是生态环境的保护者、建设者、受益者，没有哪个人是旁观者、局外人、批评家，谁也不能只说不做、置身事外。要增强全民节约意识、环保意识、生态意识，培育生态道德和行为准则，开展全民绿色行动，动员全社会都以实际行动减少能源资源消耗和污染排放，为生态环境保护作出贡献。

生态环境部迅速贯彻落实习近平总书记的指示精神，召开了全国生态环境保护宣传工作会议，大力推进生态文化建设。会议要求，各级生态环境部门要在干好生态环境工作的同时，不断学习创新表达方式，不断丰富生态文化作品。要提高作为表达载体的环境宣传品的质量，打造深受欢迎的优秀生态文化精品。要把“美丽中国，我是行动者”活动中的典型发掘好、宣传好，生态环境宣传部门还要持续到基层接地气、深入一线找素材，发现和宣传更多的优秀典型，讲好我们这代人的生态环境故事，让保护生态环境的生态道德得到传递，使中国优秀传统生态文化得到传承。

山西省生态环境厅认真贯彻落实习近平生态文明思想，切实落实生态环境部开展生态文化建设的要求，认识到生态文学创作对于生态环境宣传和生态文化建设的提升和深化作用，以生态文学创作作为推进生态文化体系建设的“硬抓手”和“重头戏”，践行“美丽中国，我是行动者”的生态宣传活动主题，开展“美丽中国·生态山西”生态文学采风活动，引导山西作家关注“绿水青山就是金山银山”的山西实践，以文学方式抒写生态文明建设的山西成就，讲好绿色转型和绿色发展的山西故事，以文学助力新时代山西生态文明建设，使生态文学创作和生态文明建设大合唱融为一体。

▲ 2018年9月8日“大地文心”作家采风山西行在右玉县采风活动合影留念

三、主要做法

多年来，山西省先后组织山西作家开展“生态文明·美丽山西”生态文学征文活动、“山西作家生态汾河行”文学创作采风活动、“美丽中国·生态山西”作家走进芮城创作采风活动、“美丽中国·生态山西”作家走进沁源创作采风活动、“美丽中国·生态山西”作家走进沁水创作采风活动。参加山西省生态文学活动的省内外知名作家达300多人次，出版5部生态文学创作采风作品集，在三晋大地掀起一股生态文学热。

一是部门携手，精心组织。山西省生态环境厅主动与山西省作家协会联系，邀请和组织省内外作家，开展生态文学创作采风活动。双方联合印发《关于开展“山西作家生态汾河行”采风活动的通知》（晋环宣〔2016〕4号）、《关于开展“美丽中国·生态山西”走进沁水作家采风活动的通知》（晋环函〔2021〕605号）等正式文件，就生态文学采风创作活动作出专门安排和部署，确定每年参加采风作家在30人左右。每次组织活动都精挑细选具有创作实力和社会影响力的作家，并在生态环境部宣传教育司和中国环境报社的支持和帮助下，从北京邀请知名作家与山西作家一起深入山西省生态文明建设第一线，进行生态文学创作采风。

二是弘扬主题，宣传典型。山西省认真贯彻落实生态环境部提出的“美丽中国，我是行动者”的活动主题，将活动名称确定为“美丽中国·生态山西”生态文学采风活动，把生态文学采风活动地点选择在右玉县、芮城县、沁源县、沁水县等获得生态环境部表彰的“国家生态文明建设示范县”和“‘绿水青山就是金山银山’实践创新基地”，切实把生态文学创作采风活动和生态文明示范创建活动有机结合起来，以优秀生态文学作品展示生态环境保护成效，以生态文明建设示范典型丰富生态文学创作，从而生动形象地宣传山西省生态环境保护的业绩，讲述山西省生态文明建设的故事。

三是确定计划，保障经费。山西省生态环境厅和山西省作家协会都高度重视生态文学创作的繁荣和发展，双方在年度计划预算上共同安排活动经费，给予了实实在在的落实。山西省生态环境厅从宣传经费中列支图书出版和稿酬费用，山西省作家协会从文学活动经费中列支采风差旅费用，以切实保障生态文学创作采风活动的顺利开展。双方不论机构怎么变化、领导怎么变化，“美丽中国·生态山西”生态文学创作采风活动计划不变、预算不变、活动不变，并且严格按照财务制度执行，确保了此项生态文学系列活动有策划、有计划、有组织、有成效，连续多年有序进行。

四是集结作品，广泛宣传。每年的生态文学创作采风活动，均以实地采风、座谈交流、典型走访、重点选题、后续采访、集结作品“六结合”的方式组织开展。赴第一线现场采风后，作家们创作5000字左右的生态散文和报告文学作品，山西省生态环境厅即在微信公众号上陆续展播，并在《中国环境报》“学习强国”平台和省内各大媒体以及和山西省作家协会文学刊物上广泛宣传。至今，已编辑出版《山西绿色散文选》《走进一条河流》《黄河边上的绿太阳》《沁源绿》《沁水长流》等多部生态文学作品集，进一步扩大生态文学创作和采风活动的影响力，取得良好宣传效果。

2020年10月，生态环境部宣传教育司司长刘友宾在中国环境报社宣传工作会议上，对山西省组织开展生态文学创作活动的做法给予了肯定和鼓励，认为山西省团结组织了一批省内外的作家，形成了一个生态文学写作的作家群，富有成效地开展了生态文学创作，出版了一批高质量的生态文学作品，记录和反映生态环境保护的进程，推进生态文明建设和绿色转型发展，在全国开了一个好头。

2022 年 11 月，生态环境部副部长翟青在全国生态环境宣传教育业务培训班上对山西省连续多年举办开展三晋生态文化系列活动给予了高度肯定。

▲ 2019 年 9 月 21 日"美丽中国·生态山西"走进芮城作家采风活动合影留念

四、取得的成效

山西省生态环境厅和山西省作家协会持续多年联合开展"美丽中国·生态山西"生态文学创作采风活动，其经验有以下几点。

一是在组织上要形成共识。山西省生态环境厅充分认识到文学和文化对生态环境保护的支持促进作用，山西省作家协会充分认识到生态环境保护对全社会的引导引领作用，从而形成共识，深刻认识到生态文学对人的思想、文化、精神的塑造作用。这样，一任接着一任干，一代接着一代做，双方领导不仅只是口头重视，而且亲自带领作家赴生态环境第一线进行采风，把生态文学创作采风活动作为生态文化建设的品牌项目予以打造，切实推进生态文明建设的文化措施得到落实。这是组织开展好生态文学活动的前提。

二是在实施上要舍得投入。生态文学活动项目，生态环境文化事业，作为生态环境文化软实力建设，比起生态环境保护的硬件工程建设，预算经费投资和实际活动花费，并不算太大。生态文学活动和生态文化建设，是花小钱而办大事的事情，是从根本上影响人的意识和行为的事情。主办单位一定要舍得投资舍得花钱，由一方或者双方切实落实采风活动经费和创作出版经费，强化生态环境保护文化的软实力。对于生态文化建设，可以说是一本万利。这是组织开展好生态文学活动的保证。

三是在活动上要聚焦现实。以习近平总书记把生态文明建设作为统筹推进“五位一体”总体布局的重要内容，提出了新理念、新思想、新战略，开展了根本性、开创性、长远性工作，推动生态环境保护发生了历史性、转折性、全局性变化。山西省坚定扛起建设美丽山西的政治责任和历史责任，全方位、全地域、全过程开展生态环境保护，生态环境质量持续改善，绿色发展水平明显提高，全社会生态环境意识前所未有地改变。生态文学到了聚焦现实成就、彰显历史巨变的时候，这是组织开展好生态文学活动的责任。

四是在创作上要追求审美。山西作家一贯秉持“爱护环境是文学创作永恒主题”的认识，不仅热情体现、高度弘扬生态文学的社会责任和历史使命，而且自觉把生态文学创作作为山西省乃至中国新时代文学审美的新视野和新空间予以聚焦和抒写。许多作家认识到，生态文学无论写什么样的“生态”，都不能忘记文学性，只有强调文学性，笔下的“生态”才能风光无限。一旦“纳入”文学的范畴，创作就要讲求艺术性。否则抒写对象就在那里，无须你去抒写，它要比你写得“完美无缺”。这是组织开展好生态文学活动的追求。

▲ 2020 年 8 月 20 日“美丽中国·生态山西”走进沁源作家采风活动现场

五、经验启示

一是生态文学发展要提升理性认识。山西生态文学活动组织者和山西作家在生态采风过程中，越来越深刻认识到，生态文学是中国当代文学的热潮，也是中国社会发展历程的必然结果，是人类生存在自然环境发展中的天地叩问。生态文学赋予作家新的使命，就是要在理性思考、感性创作和理想追求中，从古代文明到现代文明、从东方哲学到西方哲学、从现实发展到未来走向，完成人类精神与人类社会的绿色构建，从而给人与自然生命共同体、人类命运共同体在这个世界的运行，提供具有责任感和使命感的灵魂性滋润。

二是生态文学发展要形成实力阵容。山西省坚持请进来和走出去相结合，邀请叶梅、李青松、杨明森、贾志红、魏建军等国内生态文学作家赴晋采风；在省内邀请和组织山西知名作家周宗奇、陈为人、杨占平、张锐锋、郭天印、杨新雨、闫文盛、苏二花等赴生态环保第一线采风；应《中国环境报》邀请，山西作家葛水平、黄风、谭曙方、李景平参加了生态环境部“大地文心”生态文学采风活动。目前,山西省已经形成200多名作家参与的生态文学创作队伍,涌现了赵树义、蒋殊、王芳、张玉、成向阳等一批生态文学作家。

三是生态文学发展要持续营造影响。山西省是生态文学起步较早的省份，也是生态文学持续推进的省份。老一代作家马烽、西戎、胡正等曾提出“爱护环境是文学创作的永恒主题”，号召山西作家关注环境保护；中生代作家哲夫、麦天枢、赵瑜等曾写出具有影响力的生态环境文学作品；新生代作家刘慈欣、鲁顺民、黄风、赵树义以不同的体裁推出了新的生态文学作品；山西生态文学作家李景平的报告文学和散文作品获得“赵树理文学奖”和“《黄河》年度文学奖”。

2021年12月2日“美丽中国·生态山西”走进沁水作家采风活动现场

六、结语

多年来，山西省生态文学获得了历史性的进展，目前，生态文学创作活动在山西省还在继续发力，持续推进。

一是以生态文学创作增强山西省生态文明建设的底色。生态文学正在成为山西省生态文化建设的鲜明特色，也成为山西省生态文明的崭新亮点。作为能源基地，山西省在生态文明建设和绿色转型发展道路上，正迈出前所未有的现代步伐，而绿色正是山西省未来发展的亮丽底色。山西省生态环境保护部门，将更扎实推进生态文学发展，以生态文学在全社会张扬山西省的绿的底色。

二是把生态文学创作打造成为生态文化建设的重镇。“美丽中国·生态山西”生态文学创作采风活动已成为山西省生态文化建设的品牌，活动在走进多个“国家生态示范县”之后，欢迎并提出邀请作家采风团前去的县（市）越来越多，山西省生态环境厅和山西省作家协会将扩大活动规模，增加活动频次，打造山西省生态文学创作基地，以多种措施推进全省生态文明建设。

三是以生态文学发展赢得国家生态文学行动的关注。生态文学正在成为现代中国生态环境保护的时代号角，也成为中国当代文学发展的现代潮流。中国成为全球生态文明建设引领者和贡献者，人与自然生命共同体和人类命运共同体的理念获得国际认可。山西省生态文学创作积累了经验，将继续高扬这面旗帜，力争在承办国家生态文学活动上迈出新的步伐。

四是以生态文学创作实绩为中国生态文学发展添彩。山西省的生态文学创作，在普遍推进和普遍繁荣的基础上，将重点组织、扶持和推出有分量的无愧于这个时代的生态环境文学作品。中国的生态文明建设正在波澜壮阔地铺开和推进，山西省将以生态文学繁荣和发展的新声，融入中国生态文学、生态文化和生态文明的合唱里，持续唱响生态文明的时代强音。

山西省生态环境监测和应急保障中心（山西省生态环境科学研究院）

生态文明宣传研究部　齐晓江　王　璟

2 生态文化艺术节
——吉林省生态环境宣传创新与实践

一、摘要

吉林省生态文化艺术节由吉林省环境保护宣传中心支持和指导，吉林省生态文化协会、吉林省生态环保志愿者协会共同主办，是全省规模最大、最具权威性和影响力的生态环境保护社会宣传教育活动。

多年来，生态文化艺术节一直以“弘扬生态文化，倡导绿色生活，共建生态吉林”为宗旨，以传播生态吉林理念和生态文化知识为己任，广泛开展生态文化宣传教育活动，通过人民群众喜闻乐见的形式，让生态文化贴近社会，深入百姓生活；积极推进生态文化教育进学校、进单位、进社区、进乡村，使人民群众真正成为生态吉林建设的参与者、推动者和受益者，让生态吉林的理念真正成为全社会的共同理念。

二、背景情况

以习近平新时代中国特色社会主义思想为指导，深入贯彻和大力宣传习近平生态文明思想，全面落实习近平总书记视察吉林重要讲话指示精神，以“吉林生态日”为载体，以宣传“大美吉林”为主线，以“大美吉林　绿建未来”为主题，结合各会员单位实际，吉林省生态文化协会和吉林省生态环保志愿者协会组织开展形式多样、有特色、有影响力的吉林省生态文化艺术节系列活动，着力构建生态保护全民行动体系，助力推动经济社会绿色发展，为持续改善生态环境、建设生态强省营造良好的社会氛围、奠定坚实的基础，全力打造美丽中国“吉林样板”。

三、主要做法

吉林省生态文化艺术节已成功连续举办6届，艺术节以省级活动为中心，带动市州级活动形成辐射面，营造吉林省生态文化艺术节强大宣传声势和良好舆论氛围，为加强吉林省生态保护、加快推进绿色低碳发展凝聚力量。截至目前，累计推出的环保主题艺术展演、环保摄影展、环保绘画展、千人环保秀、爱心义卖跳蚤市场等主题活动共计300余场次。同时，萤火虫公益环保漂流图书馆、百万环保志愿者行动、生态文化建设大会、生态高峰论坛、环保公益课堂进校园等每年一主题多亮点的重磅活动层出不穷，已成为社会各界了解和参与吉林生态环境保护和生态文明建设的重要平台。

（一）【公众参与】千万市民共品环保文化盛宴

吉林省生态文化艺术节累计推出环保主题艺术展演、环保绘画展、千人环保广场舞、千人环保秀、爱心义卖跳蚤市场等主题活动300余场次。

艺术展演。以“大美吉林　环保有我”为主题的生态环保主题展演用舞蹈、声乐、器乐、戏剧、诗歌、朗诵、快板、话剧、走秀等崭新的艺术表演形式创作优秀的环保主题作品，展现生态环境保护的重要意义，增强市民的社会责任感，呼吁大家关注环境问题，倡导绿色出行、节能环保的低碳生活理念。作为生态文化艺术节主题节目，开展了近20个主题近200场演出，舞蹈唱歌、丰富多彩的活动形式紧扣主题，环保志愿者专场、社区艺术团专场、高校、小学、幼儿园等校园专场、社团组织专场……100 余个团队近 3 万人参演，真正实现了全民参与共环保的初衷。

环保绘画。为更好开展生态环境教育，将生态文明教育融入学校课堂教育和校园文化建设，引导师生弘扬生态文明，传播生态知识，提高绿色生活和生态文明意识，每年艺术节组委会都联动各地新时代文明实践中心、团市委和教育局，围绕环境保护、生物多样性保护等主题，如“碳中和”“绿水青山”“人与自然”“绿色生活”“节能减排”“垃圾分类”“光盘行动”“图书漂流”“植绿护绿”“保护海洋生物”“保护野生动物”等，面向省内各高校、中小学及幼儿园征集环保

2019 年第三届生态文化艺术节环保绘画作品布展

绘画作品。参选作品内容丰富、主题鲜明、风格多样。创作者通过丰富的想象力和创造力，用自己的画笔描绘出自己心中的生态环保。每份精彩的作品都展现了少年儿童对生态环境保护和绿色低碳生活方式的思考和行动。孩子们切身体会到倡导绿色低碳生活方式，从自己做起、从身边的小事做起，养成绿色生活的日常行为和习惯。截至目前，共征集环保主题绘画作品近10万幅，绘画作品环保主题鲜明，创意色彩丰富。生态文化艺术节环保主题绘画展活动已经成为每年全省各校园生态环保主题如期开展的品牌活动。

千人环保秀。时尚美丽的“礼服”，炫酷帅气的“盔甲”……生态文化艺术节千人环保走秀已成为艺术节的时尚舞台，可爱的孩子们身着他们与家长亲手用废旧的布袋、塑料、纸箱、报纸、易拉罐制作的服装，通过T台走秀宣传环保、践行环保。在制作这些“时装”的过程中，孩子们在家长的帮助下，将被忽视的废旧物品变成了一套套精美的环保“时装”。垃圾袋变成了孩子们身上漂亮的公主裙，纸牌变成了帅气的铠甲，纸箱变成了有趣的机器人……每件作品都生动

▲ 2020年第四届生态文化艺术节环保主题中铁格林幼儿园亲子环保秀专场

活泼地表达了绿色环保理念，富有创意。

环保时装秀不仅给孩子们提供了一个展现自我、表现自我、提高自信的舞台，让每个孩子做自己的设计师，同时还增强了孩子的环保意识，让他们知道了物品循环利用的意义，懂得要节约资源。每年近 50 所学校和艺术机构组织近 2000 名孩子报名参加千人环保秀，近 5000 名家长来到现场为孩子们加油助威，频频为孩子们的精彩表现点赞。

跳蚤市场。小朋友们化身“小老板”义卖家里闲置的玩具、文具、图书以及各种小商品，铺上展布，摆出自己的心爱之物，文具书籍、汽车模型、绒毛玩具、各种小物件……每年艺术节跳蚤市场都是孩子们快乐的舞台，现场挤满了前来参观的孩子和家长，属于小朋友们的跳蚤市场有模有样地开展起来。

▲ 2019 年第三届生态文化艺术节跳蚤市场爱心义卖

“这些卖的商品都是我看过的书籍和闲置的玩具，放在家里很占地方，扔掉又觉得很可惜，刚好听说了这个跳蚤市场，能把自己曾经喜欢的玩具和书籍推荐给别人，让我很开心。”一位小朋友卖出自己的玩具后开心地说道。一件件闲置物品在跳蚤市场里流动了起来，厉行节约、循环利用成为当日最绚丽的主题。跳蚤市场以物易物或者低价出售，变废为宝，既是一次交易体验，更是培养了孩子们绿色低碳、健康环保的生活理念，让闲置可回收物品实现应收尽收，达到循环再利用的目的。点滴的绿色环保行为激发了孩子们的绿色保护意识，用最环保的方式参与环保实践。

每次跳蚤市场爱心义卖活动，孩子们将所得的款项自愿捐赠给生态环保志愿者协会环保专项基金。同时环保知识问答活动也是跳蚤市场活动中的重要环节，以家庭为单位抢答垃圾分类、绿色低碳等小知识，潜移默化引导青少年自觉践行绿色生活方式，树立勤俭节约的消费观，积极参与到生态文明建设和生态环境保护当中来。

萤火虫公益环保漂流图书馆。“百家萤火虫公益环保漂流图书馆公益行”活动在第四届生态文化艺术节开幕式上启动，活动以“萤火聚星光　点亮图书梦”为主题，旨在倡导图书资源循环利用，优质资源共享理念，是让孩子通过分享和传递认识绿色环保重要性的一次重要实践，不仅实现了图书的交流共享，而且实现了资源的循环利用。活动由学校师生、新闻媒体、公益组织及关心关爱孩子成长的社会人士共同发起，旨在通过图书捐赠、分享漂流、拐角书屋等形式优化校园阅读环境，培养孩子阅读兴趣；孩子们通过捐赠自己的图书，让图书以循环利用的方式进行爱心传递，不但让孩子们学会了感恩和分享、锻炼了社会实践能力，又可以让闲置的书籍传递到更需要的人手中。

以捐建首个红丰小学萤火虫环保漂流图书馆为起点，近 50 所小学陆续号召同学们开展捐书，截至目前已收到图书 5 万余册。“萤火虫公益环保漂流图书馆”首个图书漂流市集在中铁·长春博览城落地……萤火虫公益环保漂流图书馆项目一瞬间在全省各地点亮。通过共捐共建形式建设漂流图书馆，计划 2023 年实现全省 300 余个乡村小学全覆盖目标。

▲ 2020 年第四届生态文化艺术节萤火虫公益环保漂流图书馆捐赠图书助力乡村教育

（二）【环保教育】"一站二进三讲堂"

吉林环境小记者站。作为生态环境部年度重点项目，国际环境小记者站试点工作在吉林省生态文化艺术节上正式启动，由吉林省生态文化协会和生态环保志愿者协会共同推动下，吉林环境小记者站正式开始运行，在十一高北湖学校小学部招募小记者 55 人，并在中粮可口可乐饮料有限责任公司进行了首次参观实践活动。孩子们在参观后纷纷写下了心得，感叹实践活动带来的收获和锻炼。在假期里，协会还带着小记者们开展线上宣讲活动，为孩子们设计主题，鼓励孩子们录制环保宣讲微视频，发送班级群及朋友圈转发，传递生态文明理念，影响身边每一个人。

生态文明进校园、进社区。在志愿服务过程中，建立了生态文明进校园、生态文明进社区两大服务体系。协会以环保公益课、选拔吉林环境小记者、成立碳中和专家委员会、成立志愿者宣讲团、组建高校大学生环保公益讲师团等形式，组织讲师团培训碳中和知识、环保知识和垃圾分类知识。

开学第一课、光盘行动、垃圾分类三大公益大讲堂。走进校园上环保课与走出校园参加社会实践相结合，让孩子们深刻地体会环保的重要性。始终践行绿色生活，才能创造更加美好的明天；生态文明进校园系列活动先后开展了“生态文明进校园开学第一课”“‘光盘行动’进校园”“环保公益课堂之垃圾分类宣讲”“健康校园公益行”等丰富多彩的活动，以寓教于乐为基础，让孩子们在体验中认识到环保节约的重要性，牢记生态环保要从小事做起，牢固树立环保理念。环保从娃娃抓起，小手拉大手带动全社会倡导环保。现已开展进校园活动 100 余次，进校园普及环保知识近 50 所，共惠及学生 3 万余人。协会联合高校在中小学及幼儿园里宣讲生态文明理念，将生态文明思想深深植入学生内心。

▲ 2020 年第四届生态文化艺术节环保知识垃圾分类有奖问答

（三）【环保宣传】“一网二端三矩阵”

2019 年 6 月，吉林省生态文明网在生态文化艺术节开幕式上线，内容涵盖时讯要闻、生态吉林、理论纵横、示范创建、政策法规、生态聚焦、生态经济、生态文化、生态宣传、美丽中国共计 10 大版块，同年陆续上线以“吉林生态文明”账号的全媒体矩阵，其中包括百度新闻、今日头条、新浪微博、UC 资讯、腾讯新闻、一点资讯、搜狐新闻、网易新闻、凤凰新闻、《人民日报》等 10 家平台的媒体矩阵。

2020 年 4 月，依托搜狐吉林，同步 ZAKER 吉林客户端启动，同时增加以“吉林城市融媒”账号的第二套全媒体平台，其中新增华人头条、新华社、二三里资讯 3 家媒体平台，最终形成以一网（“吉林生态文明网”）、二个客户端（“搜狐吉林、ZAKER 吉林”）、13 家全网媒体平台的“一网二端全媒体矩阵”。

三年来，“一网二端全媒体矩阵”共计为吉林省生态文化协会、吉林省生态环保志愿者协会发稿 283 篇，阅读量 2673 万，转发 2518 次。

四、取得的成效

生态环保文化品牌。从第一届仅有 3 所学校、300 人参与的生态文化展演活动，到如今成为吉林省生态环保文化品牌，生态文化艺术节为广大群众搭建了展示自我风采、共筑环保梦想的梦想舞台，丰富多彩的主题活动造就了生态文化的品牌盛宴，从组织到参与，一群有环保梦想的爱心人士走到了一起。2019 年、2020 年，在省民政厅和省生态环境厅的大力支持下，吉林省首个专注环保宣传教育的公益社会组织——吉林省生态文化协会和开展生态环保志愿服务的吉林省生态环保志愿者协会成立，并成为生态文化艺术节的主办单位。2021 年，吉林省委宣传部组织开展的宣传推选学雷锋志愿服务先进典型活动中，吉林省生态文化艺术节成为学雷锋志愿服务先进典型活动。

大众参与“蝴蝶效应”。由几百人参与到千万市民共赏的文化盛宴，由大众市民参与为主的吉林省生态文化艺术节不仅是每年为期一个月的文化演出，更成为全省重大生态环保志愿活动的号召和启动的指挥平台，成为全省各高校、社区、社会组织、爱心企业全年开展环保公益活动的调试指挥中心和成果展示平台。吉林省生态环保志愿者协会会长单位中铁·长春博览城总经理蔡振东发挥央企责任和力量，不仅将中铁·长春博览城定为吉林省生态文化艺术节永久会址，更带领全省近千家企业共同为环保公益事业作出突出贡献，正是得到了这样有社会责任感的央企的支持，使得每一次环保公益活动有了品质保障。

五、经验启示

生态文化艺术节的举办旨在通过艺术表演形式宣传生态理念、传播环保意识，发挥社团组织政府助手作用，搭建起政府与社会之间的桥梁和纽带，引导公众参与，共同参与到环保事业中来，普及环保知识，扩大环境宣传，提高公众环境意识，维护公众和社会环保权益，加强环保监督，促进吉林省环境保护事业新发展。

充分发挥宣传教育作用，为传播普及生态文明理念和生态文化知识作出贡献。弘扬生态文化、培育全民生态文明理念、观念和新型生产、生活方式，是全面推进生态文明建设的重要前提和基础。生态文化艺术节以“弘扬生态文化，倡导绿色生活，共建生态文明”为宗旨，首先要以传播生态文明理念和生态文化知识为己任，广泛开展生态文化宣传教育活动；要坚持传承和创新生态文化的内涵和形式，通过人民群众喜闻乐见的形式，让生态文化贴近百姓，深入群众生活；要充分利用报刊、广播电视、互联网等现代传播媒介，形成多层次的传播网络，扩大生态文化传播的广度和深度；积极推进生态文化教育进学校、进单位、进社区、进乡村，使人民群众真正成为生态文明建设的参与者、推动者和受益者，让生态文明的理念真正成为全社会的共同理念。

充分发挥示范引导作用，在积极推动生态文明实践和社会生产生活方式转变上作出贡献。作为弘扬生态文化、推动生态文明建设的先行者，参与艺术节的无论是单位还是个人，都从自身做起，引导和带动生态文明建设的社会实践。推动一批具有核心竞争力的生态文化产业发展；加快节能减排技术的推广应用，使“清洁生产”和“循环经济”成为吉林企业的自觉生产实践；把厉行节约、减少浪费、推行绿色消费贯穿到人们日常生活中，倡导勤俭节约的低碳生活，使“健康文明”和“适度消费”的绿色生活方式成为人们的自觉行为和共同行动。创新发展生态文化的精神内涵和社会功能，使之文而化人，化成人之气、民之俗、市之风，通过社会生产、生活的涓涓细流，汇集成生态文明健康持续发展的洪流。

充分发挥桥梁纽带作用，在汇聚社会各方力量推动吉林省生态文明建设上作出贡献。生态文化建设是一个系统工程，从生态价值理念到各个领域中的生态文化元素，以及人们的新型消费方式和行为习惯，生态文化具有丰富的层次性。建设生态文明是人类社会发展的必然选择，是一个动态过程，也是一项必须经过长期奋斗的目标。需要政府强有力地推动和引导，需要各部门的密切配合和全社会的广泛参与，才能真正做好。生态文化艺术节组委会通过自身的努力，全社会发动、大范围动员、全方位汇聚、多角度荟萃，联合和凝聚各方面的力量，在全省范围内形成共同推进生态文明建设的合力。

吉林省生态文化协会　李珺凌

3 粤港澳大湾区环境文化建设工程

一、摘要

为宣传贯彻习近平生态文明思想，提升公众生态环境素养，推进粤港澳大湾区生态文明建设，广东省生态环境厅联合香港、澳门特别行政区生态环境主管部门及广东省内有关地市着力开展环境文化建设，为健全环境治理全民行动体系、建设人与自然和谐共生的美丽广东及粤港澳大湾区作出积极贡献。

二、背景情况

2019 年 2 月，中共中央、国务院印发了《粤港澳大湾区发展规划纲要》，明确指出以建设美丽湾区为引领，推进生态文明建设，是建设粤港澳大湾区的重要任务之一。

粤港澳大湾区经济基础好、城市发展水平高、公众环境意识强，如何因势而动、顺势而为，以环境文化建设为着力点推动生态环境宣传教育工作创新发展，不断提升公众生态环境素养、服务推进粤港澳大湾区生态文明建设，成为新时代广东省生态环境保护工作的一项重要任务。

三、主要做法

（一）推动公众参与，繁荣环境公益文化

1. 举办“广东环境文化节”

以“让环保绿化心灵”为主题，每年结合实际开展相关活动，先后举办了环保诗歌大赛、歌曲大赛、漫画大赛、摄影大赛、涂鸦比赛、生态知识网络竞赛、“不留白色污染”微视频比赛、环保“随手拍”、环境文化绿色营、环保大讲堂、环保公益视频宣传、“环境”沙龙、环保音乐大篷车巡演等比赛或活动。每年的环境文化节活动吸引了数万公众广泛参与。特别是诗歌大赛、歌曲大赛、漫画大赛等赛事，投稿作者来自世界各地，其中不乏业内公认的专业名家。这些专家的鼎力支持和普通选手的广泛参与，使得整个大赛既有较高专业水准，又获得较好的社会反响。在广东省活动示范引领下，全省部分地市推出了本地的优质活动品牌，其中由东莞市生态环境局连续多年举办的东莞市环境文化节，在当地形成了良好的知名度和美誉度。中山市生态环境局、佛山市顺德区生态环境局编排的生态环保儿童歌舞剧《森灵》《垃圾总动员》，都取得了很好的宣传效果。

2. 培育“草根环境文化”

以“环保有你更精彩”为主题，自 2015 年以来广东持续开展环保公益项目小额资助工作，截至目前，累计申请财政资金 185 万元，资助开展了 81 个环保公益项目，其中“十三五”期间共申请资金 95 万元、资助 41 个项目。各项目实施机构严格按照要求，认真组织实施，取得了丰硕成果，创作了不少生态文化产品，开展了不少生态实践活动，教育引导公众关注身边的环境问题，以实际行动支持保护生态环境。此外，自 2013 年起，广东省连续 8 年召开“广东环保社会组织年会”。每届年会均有包括数十家环保社会组织在内的数百人参会，搭建了生态

环境部门与环保社会组织交流的平台，引导社会组织健康发展、同向发声。

▲ 自2013年起，连续8年召开“广东环保社会组织年会”

3. 打造环境教育阵地

自1998年起，广东省在全国率先开展并持续推进环境教育基地建设工作，截至目前，全省共命名190个省级环境教育基地（其中“十三五”期间命名79个），覆盖全省各地级以上市，涵盖宣传展示场馆、生态保护区域、污染治理设施、绿色创建单位等类别。这些环境教育基地每年线上、线下接待公众参观近500万人次，成为宣传习近平生态文明思想、展示美丽广东建设成效的重要窗口，提高公民生态环境素养、健全环境治理全民行动体系的创新平台，促进创建单位优化环境管理、推动绿色低碳发展的有效载体。此外，坚持“开门办环保”理念，纳入国家名单的103家环境监测、污水治理、垃圾处理、危险废物处理等环保设施全部向公众开放，每年线上、线下参观者达400多万人次，极大地增进了公众对生态环保工作的理解和支持，推动了环境基础设施顺利建设。2019年，生态环境部宣传教育中心专门到广东省调研，充分肯定广东环保设施向公众开放的工作经验。

4. 打造宣传品牌活动

一是举办六五环境日活动。创新建立省市联合举办六五环境日全省主场活动机制，2019 年以来省生态环境厅分别联合广州市、佛山市、珠海市、中山市人民政府举办六五环境日省主会场宣传活动。结合六五环境日、低碳日、海洋日，以省环境保护委员会名义协调省直有关单位以及省、市、县（区）三级联动，每年精心组织 500 多场主题宣传活动，吸引线上、线下 300 多万人次参与。二是开展治污攻坚典型案例和优秀事例征集宣传活动。自 2020 年起连续三年发布全省治污攻坚典型案例和优秀事例，并在六五环境日主场活动上颁发证书和牌匾，引导激励社会各界做环境保护的践行者、绿色发展的推动者和生态文明的宣传者。三是开展“绿色有约——环保公益我参与”环保志愿服务活动。自 2020 年起，每逢周六日或节假日，省、市生态环境部门定期组织公众开展环保志愿服务和环境科普法普宣传活动。因活动形式新颖、内容有趣、参与有效，该项目被评为广东省国家机关“谁执法谁普法”创新创先项目奖。四是开展“不留白色污染”主题宣传活动。活动内容包括“不留白色污染”万人跑、绿色出行、古驿道旅游、摄影比赛等，因活动效果良好被生态环境部评为“2020 年全国十佳公众参与案例”。

▲ 2019 年 11 月 30 日，举办“不留白色污染”万人跑活动

五是加强核安全主题宣传。作为全国核电大省，“十三五”期间广东通过在“4·15”核安全日开展核与辐射有奖知识问答、组织公众走进核电站参观了解、印制并派发核电知识宣传手册、举办演讲比赛等一系列线上、线下活动，不断提升公众核安全意识，为核电事业发展营造良好社会氛围。

（二）挥洒绿色青春，培育校园环境文化

1. 举办世界青少年环保交流大会

2016—2019 年，连续四年举办会议，围绕绿色发展、气候变化、海洋生态环境保护、可持续消费与生产等主题，推动国际生态环境文化交流。来自全球近 30 个国家和地区的 1000 余名学生参与活动，交流思想，增进友谊，得到社会广泛关注。

2016—2019 年，连续四年举办世界青少年环保交流大会

2. 举办青少年环保科技创意大赛（2020 年后更名为青少年环保创意大赛）

2016 年开始举办青少年环保科技创意大赛，每年一届，延续至今。来自全省各地及港澳地区的适龄青少年踊跃参赛，在广大中小学生中产生积极影响。

3. 举办“绿色青春”高校环保辩论赛

2017—2019 年，连续三年举办“绿色青春”高校环保辩论赛，来自全省各地高校的学生汇聚一堂，就环境保护重点、热点问题进行交流与探讨，成为广东省高校环境文化一项品牌活动。

▲ 2017—2019 年，连续三年举办“绿色青春”高校环保辩论赛

4. 举办“绿色青春”环保演讲比赛

2017—2020 年，连续四年举办“绿色青春”环保演讲比赛。初赛通过线上报名和线上展示，吸引了各地学生参与；决赛则线下举行，由专业评委评审。一批优秀选手、优秀作品脱颖而出，抒发了对美丽广东的无限热爱和对生态环保的深刻认识。

（三）坚持文以化人，打造环境文化产品

1. 出版发行《环境》杂志

《环境》杂志创刊于 1978 年，是目前广东省内历史最长、读者最多、影响最大的国内外公开出版发行的生态环境保护类综合性期刊，由广东省生态环境厅主管、广东省环境保护宣传教育中心主办，每月出版发行一期。通过“独家策划”、“一线观察”、“绿色产经”、“万象绿影”等栏目解读权威政策，普及法律法规，发布环保信息、推广实用技术，报道深度新闻，《环境》杂志成为开展生态环境宣传教育、引导公众参与生态环境保护的一个重要渠道，成为广东环境文化建设的一个重要阵地。

▲ 创刊于1978年的《环境》杂志

2. 组织编纂《广东生态环境年鉴》

《广东生态环境年鉴》于2019年首次出版，之后逐年出版，国内外公开发行。作为广东省生态环境领域的大型权威资料性工具书，《广东生态环境年鉴》记载了每年全省生态环境系统发生的大事要事，每册达到130余万字，内容丰富、数据翔实，得到了系统内专业人员的广泛好评和年鉴领域专家的高度评价。

3. 创作开发环境宣传产品用品

每年在六五环境日期间，广东省坚持制作印刷各类环境宣传产品，包括科普手册、宣传折页、宽幅墙报、主题海报等印刷品，在公众场所进行张贴、宣传；同时还制作了鼠标垫、手机支架、定制口罩、雨伞等宣传用品，在广场活动派发。

在省厅的带动下，各地市也积极创作开发各具特色的生态环境文化宣传产品用品。

四、取得的成效

（一）深入宣传习近平生态文明思想，持续唱响美丽广东建设主旋律

粤港澳大湾区环境文化建设坚持以习近平总书记关于宣传思想工作系列重要讲话精神为根本遵循，以宣传贯彻习近平生态文明思想为核心内容，以美丽广东和粤港澳大湾区生态文明建设为主题主线。通过各类环境文化活动广泛深入地开展，向公众生动展示了在习近平生态文明思想的科学指引下广东省及粤港澳大湾区生态环境保护取得的积极成效和生态环境质量发生的巨大变化，进一步增进公众对习近平生态文明思想科学性和真理性、人民性和实践性、开放性和时代性的认识与认同，对美丽广东、美丽大湾区建设的关心与热爱，对持续改善生态环境质量的决心与信心。

（二）不断提升公众生态环境素养，积极健全环境治理全民行动体系

粤港澳大湾区环境文化建设坚持以文化人，着力提升公众生态环境素养，在健全环境治理全民行动体系中发挥了有效作用。通过各类环境文化活动开展、环境文化产品开发，让公众在“好看又好玩”“有趣又有味”的活动中潜移默化浸润生态文化、培养生态道德，将绿色理念“植”入心中，从自己做起，从身边小事做起，选择绿色低碳生活，以实际行动助力深入打好污染防治攻坚战、加快推动经济社会发展绿色转型。

（三）切实加强环境文化建设，有效推动环境宣教工作创新发展

粤港澳大湾区环境文化建设坚持创新，勇于实践，推出了一批知名的环境文化品牌活动，创作了一批优秀的环境文化产品用品，取得了实实在在的成效。“不留白色污染”主题宣传活动获评“全国十佳公众参与案例”；《环境》杂志获得国

家“双效”期刊、全国优秀科技期刊、广东省优秀期刊等荣誉。这些环境文化建设取得的积极成效，推动了广东省环境宣教工作创新发展，也为全国生态环境文化建设作出了有益探索。

五、经验启示

（一）树立品牌意识，坚持久久为功

在粤港澳大湾区环境文化建设中，广东省注重树立品牌意识，发扬钉钉子的精神，持续举办各类环境文化活动，努力将其打造成持久而响亮的“金字招牌”，不断扩大活动影响力。如“青少年环保创意大赛”品牌活动从无到有、从小到大，越办越好，成为目前广东省面向中小学生的全省性竞赛活动中唯一的、环保类的“保留节目”。

（二）树立大局意识，坚持同频共振

在粤港澳大湾区环境文化建设中，广东省紧扣宣传习近平生态文明思想的核心任务，策划开展宣传，做到上下联动、左右互动，形成合力，提高效果。如省生态环境厅联合团省委举办“绿色青春”高校环保辩论赛，联合省作家协会组织开展治污攻坚报告文学创作，联合多家单位举办“不留白色污染”主题宣传活动，发挥各自资源优势，共同做好生态文明宣传。又如全省环境文化节举办、六五环境日活动开展，省里统一主题、省市上下联动，都取得良好效果。一方面，省里统筹组织、各市积极参加，扩大活动影响；另一方面，省里示范引领、地市创新开展，提升活动效果。

（三）树立务实意识，坚持“三贴近”

在粤港澳大湾区环境文化建设中，广东省大力弘扬求真务实精神，努力做到“三贴近”即贴近实际、贴近生活、贴近群众，更好地发挥动员群众、服务群众、

引领群众的作用。如在活动对象上，以广大学生为主积极培育校园环境文化，以广大市民为主大力繁荣环保公益文化；在活动内容上，尽量选择群众喜闻乐见、适合积极参与的项目，如环境文化节的环保漫画大赛、摄影大赛、涂鸦比赛、“随手拍”、环境文化绿色营。这些活动备受群众欢迎，让公众在主动参与中自觉接受教育，取得了环境宣传教育入眼、入耳、入心的好效果。

（四）树立改革意识，坚持守正创新

在粤港澳大湾区环境文化建设中，我们大力弘扬改革创新精神，注重理念、手段、方法创新，用新思路解决新问题，用新方法产生新成效。如“绿色有约——环保公益我参与”活动能够长期有效开展，其中一个重要原因就是我们创新工作机制，通过政府公开招标、购买服务的方式委托环保社会组织开展，既保障活动贴近市民，又支持了环保社会组织发展。

六、结语

以习近平生态文明思想为科学引领，广东省将继续深入推进粤港澳大湾区环境文化建设，不断提升生态环境宣传教育工作水平，不断提升公众生态环境素养，为建设美丽广东、美丽粤港澳大湾区，建设人与自然和谐共生的现代化作出新贡献。

广东省环境保护宣传教育中心　黄慧诚　江　镕

4 重庆市生态环境电影下乡活动

一、摘要

“十三五”至今，重庆市在生动践行生态文明建设，深入推进“美丽中国，我是行动者”主题实践活动中，持续扎实开展生态环境电影下乡活动，结合惠民电影服务基层、惠及民生的战略部署，践行绿色发展理念，通过群众喜闻乐见的电影放映形式，充分发挥生态文化引领风尚、凝聚共识的积极作用，寓教于乐，丰富市民业余文化生活，推动绿色发展，促进人与自然和谐共生新格局在基层扎根走实。

二、背景情况

中共中央、国务院印发的《关于加快推进生态文明建设的意见》，首次提出生态文明建设要把“培育生态文化作为重要支撑”。提升公民生态环保意识是推进生态文明建设的重要内容，繁荣生态文化，打造重庆市生态文化品牌任重而道远。重庆市生态环境宣传教育中心是面向社会开展生态环境宣传教育的主力军，始终坚持以习近平新时代中国特色社会主义思想为指导，贯彻落实习近平总书记考察重庆重要讲话精神，以“人与自然和谐共生”为使命，以“推进绿色发展”为愿景，着力破解农村地大面广，人手、阵地不足，宣传方式单一，参与性弱，设施落后等问题和困难，构建“区县＋社区＋行政村”全民参与生态环境保护的宣传体系，生动践行“美丽中国，我是行动者”主题实践活动，加强生态文明建设社会动员，广泛传播生态价值理念，倡导简约适度、绿色低碳生活方式，践行《公民生态环境行为规范》，让“绿水青山就是金山银山”理念深入人心。

三、主要做法

（一）政治坚定，导向鲜明

重庆市以习近平新时代中国特色社会主义思想为指导，增强“四个意识”，坚定“四个自信”，做到“两个维护”，深学笃用习近平生态文明思想，坚持党对生态环境宣传教育工作的全面领导，全面贯彻习近平总书记对重庆提出的“两点”定位、“两地”“两高”目标、发挥“三个作用”和营造良好政治生态的重要指示要求，按照《“美丽中国，我是行动者”提升公民生态文明意识行动计划（2021—2025年）》精神，围绕全市生态环保中心工作，加强生态环保社会宣传，构建环保宣传全民行动体系，在全社会形成共建共享生态文明的良好氛围。

（二）领导重视，周密部署

重庆市生态环境局领导高度重视环境宣传教育工作，把提升公民生态文明意识作为年度环境保护宣传教育工作的重点，提前谋划、周密部署生态环境电影下乡活动，进行专题研究制定了《生态环境电影下乡活动方案》，每年上半年启动本年度活动，策划播出计划，拍摄制定环保科教片及科普片，选取环保类型的电影，落实专人组成活动筹备组，为生态环境电影下乡活动提供场地搭建、播放设备、宣传造势、整体包装设计、微信公众号互动宣传展示等全方位的内容和技术支持，确保活动有条不紊地开展。

（三）精心组织，全力配合

活动由重庆市生态环境局、重庆市电影局牵头指导，重庆市生态环境宣传教育中心、重庆市惠民农村数字电影院线有限公司主办，同步发动各区县生态环境局积极响应，监管督促。各区（县）放映主体单位及放映员积极参与到本次活动的放映任务中，现场布置宣传横幅、拷贝宣传片、科教片，落实专人协调场地，组织群众安全有序开展观影活动等。同时做好图片、视频等相关资料收集，联系媒体配合宣传报道。

（四）围绕主题，强化宣传

活动紧扣污染防治攻坚战、水污染防治、大气污染治理、乡村振兴、无废城市建设等生态环保主题，配套制作相关环保法律法规科教片、环保科普短视频，制作主题宣传册、宣传品、印制横幅、标语，在电影播放期间进行配套宣传科教片、视频播放，宣传册、宣传品发放，张贴海报及横幅，扩大活动宣传力及影响力。

（五）抓好节点，注重实效

每年4—12月，在全市各区（县）有序开展生态环境电影下乡活动，紧扣环保重点工作，制订播出计划，每场活动全长时间约2小时，共3个板块，包括电影贴片科教片、环保电影及环保科普小视频放映等丰富多彩的节目形态，逐步形成了我市独具特色的生态环境保护宣传品牌，广大市民群众在观看电影、丰富文化生活的同时，潜移默化地接受生态环境保护教育，自觉参与践行绿色生活方式。

四、取得的成效

重庆市是中国中西部地区唯一的直辖市，位于中国内陆西南部、长江上游地区。面积8.24万平方公里，辖38个区县（26区、8县、4自治县）。常住人口3212.4万人、城镇化率70.32%。人口以汉族为主，少数民族主要有土家族、苗族。

重庆市是一座独具特色的“山城、江城”，地貌以丘陵、山地为主，其中山地占76%；长江横贯全境，流程691公里，与嘉陵江、乌江等河流交汇。

面对重庆大城市带大农村，农村环保宣传力度薄弱，形式单一等问题，经过前期调研，找准利于在城市及农村中开展、辐射面广、市民乐于参与的宣传形式，着力开展生态环境电影下乡活动，补齐生态环境保护宣传的农村短板。“十三五”至今，全市共计开展生态环境电影下乡活动8万余场次，总观影人次达600余万。播放影片活动促进市民群众深刻领会、牢固树立生态文明观念，进一步理解了生态文明建设的内涵，全面提升了全市城市和乡村居民环保意识，规范环境行为，参与生态环境保护，促进市民群众坚定文化自信，深入推动长江经济带发展，加快建设山清水秀美丽之地。

（一）前期预热充分，营造环境保护氛围浓

为了更好地开展生态环境电影下乡活动，市生态环境宣传教育中心深入动员，组织相关工作人员学习环保法律法规及科普知识，加强工作培训，发动各区（县）

▲ 重庆市生态环境电影下乡启动仪式

积极组织参与，为活动顺利开展做好充分准备。针对广大居民关注的活动开展时间问题，重庆市生态环境宣传教育中心利用自有新媒体及时发布生态环境电影下乡活动安排。生态环境电影下乡活动首映式邀请相关区县、社区代表观摩，吸引广大市民踊跃参与，起到了良好的社会反响。“美丽中国，我是行动者”生态环境公益宣传片，以及精心遴选的一批主题鲜明、内容丰富的环保题材故事片和科教短片，受到广大市民的热烈欢迎。同时邀请重庆卫视、重庆晨报、华龙网对活动进行系列报道，营造浓厚的活动氛围。

▲ 重庆市生态环境电影下乡活动在广场播放科教片《环保小故事》

（二）中期组织得力，提升环保意识效果好

活动开展期间，宣传到户，组织有序。在影片选择上，坚持以小见大选题，坚持平民化视角，在科教片及环保科普视频制作中采用亲民化语态，并通过轻松活泼、形象生动的动画形式对环保知识点进行普及。在内容上，除了宣传教育，还教会市民如何实际关注身边环境，呼吁全社会共同参与环境保护。在形式上，

发挥电影、视频传播易理解、感官刺激强烈，风格轻松，通俗易懂等优势，使环保知识更好地被广大市民理解吸收。

（三）后期安排有序，持续推送传播影响远

为持续生态宣传环境保护知识，生态环境电影下乡活动不仅通过线下与广大观众见面，还把具有实用性、趣味性的内容在活动播出后剪辑成短视频，通过微信公众号等平台进行持续播放推广，方便更多市民收看。在后续传播过程中，精心剪辑的环保短视频引起了第二波宣传热潮，有效提高了市民对环保的关注度，显著增强了生态环境电影下乡品牌的影响力。

五、经验启示

（一）精准定位，开辟环保宣传基层阵地

精准定位社区、乡镇、行政村等全市基层场所，积极探索环保宣传工作新形式，以广场、院坝、社区活动室为依托，搭建可循环利用的幕布影院，将环

▲ 重庆市生态环境电影下乡活动在社区播放科教片《环保小故事》

境宣传教育工作深入到全市 39 个区县的 2000 个社区、8000 个行政村，覆盖“区县 + 社区 + 行政村”，结合惠民电影服务基层、惠及民生的战略部署，将乡村振兴战略同生态文明建设理念深度融合，通过群众喜爱的电影放映形式，有针对性地播放环保法律法规及环保科普知识，寓教于乐，丰富市民的业余文化生活。

（二）创新形式，丰富品牌活动内容

活动主要采用贴片放映和专场放映两种形式，其中贴片放映在每场电影播放前的 20 分钟公益时间段播放重庆环保公益宣传片，专场放映安排在人群密集的社区、广场、场镇中心放映环保公益宣传片外加环保类科教电影，同时在放映荧幕下方设置“打好污染防治攻坚战”“绿水青山就是金山银山”等环保宣传标语，向前来观影的群众发放生态环境保护宣传资料，宣传农村环境综合整治、美丽乡村建设，全方位营造生态环境保护宣传氛围。

▲ 重庆市生态环境电影下乡活动在社区播放科普片《小环讲科普》

（三）注重内容，助推环保重点工作

活动开展至今，围绕每年环保重点工作，播放了《灰霾防控与城市生活》《乡村生活垃圾治理》《农村土壤污染防治》《农村生活污水处理技术》《变暖的地球》《建设美丽乡村》等科教片，同时选取了《可可西里》《三峡好人》《流浪地球》《狼图腾》等环保题材电影，引起现场群众极大共鸣。特别是播放到涉及环境综合整治、生活垃圾处理等群众最为关心的环保问题时都能引起现场热烈讨论，以前受冷落的科教片也越来越受到群众追捧，许多放映员也纷纷表示这种带有科普性质的宣传片老百姓观看后普遍能引起共鸣，放映员也可以通过放映做好宣传工作，在广大群众中起到带头宣传作用。

（四）引起共鸣，树立生态价值理念

生态环境电影下乡活动在重庆市受到广大市民喜爱，在看到《可可西里》电影时，市民白女士说道：“这么美的自然保护区，这些美丽的藏羚羊就这样消失在

重庆市生态环境电影下乡活动备受市民群众喜爱

偷猎者残酷无情的枪声下，看着就心疼，这样的偷猎行为就该严惩。”市民王先生表示：“电影很棒，每个人都是环保的参与者，加入环保，小力量汇聚大能量！”在《农村生活污水处理技术》科教片观看的过程中，有不少市民对先进的污水处理方式点赞，发出环保倡议，在看了《乡村生活垃圾治理》的科普视频后，市民李先生就说道：“不乱丢垃圾，分类投放，需要我们每个人践行。”当然，还有很多市民表示：“看着这山清水秀的重庆，作为重庆人也是特别自豪，以后更要注意环保，让家乡更美，让更多的人喜欢重庆。”

六、结语

重庆市把开展生态环境下乡活动作为生态环境宣传教育工作重要抓手，面向市民农户，将生态环保理念、环境科普知识和公民生态环境行为规范，面对面传递给社会公众，切实解决了重庆市实施乡村振兴战略面临“农村农户环境意识不强”的难题，不断加强农村生态环保宣传，多渠道提高农村环保意识和环境行为，努力让乡村美起来，使城市与乡村各美其美、美美与共，切实增强了广大群众的获得感和幸福感。生态环境下乡活动是深入推进生态文明建设、努力提升全市人民环境保护意识的重要举措，营造了浓厚的环保舆论氛围，使环境保护，人人有责的理念在千家万户落地生根。

重庆市生态环境宣传教育中心　王　一　杨　卿